MANUEL

D'ASTRONOMIE.

DE L'IMPRIMERIE DE CRAPELET,
rue de Vaugirard, n° 9.

MANUEL

D'ASTRONOMIE,

OU

TRAITÉ ÉLÉMENTAIRE DE CETTE SCIENCE
DANS L'ÉTAT ACTUEL DE NOS CONNAISSANCES;

PAR M. BAILLY,
Membre de plusieurs Sociétés savantes.

TROISIÈME ÉDITION,
REVUE, CORRIGÉE ET AUGMENTÉE.

Ouvrage orné de Planches.

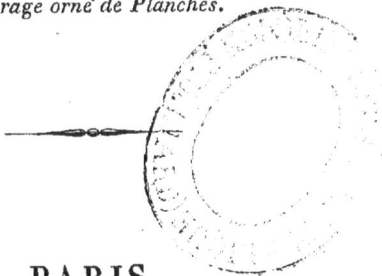

PARIS,

À LA LIBRAIRIE ENCYCLOPÉDIQUE DE RORET,
RUE HAUTEFEUILLE, AU COIN DE CELLE DU BATTOIR.

1830.

PRÉFACE.

La culture des idées positives est devenue
pour le siècle actuel un véritable besoin.
Entretenir cette excitation généreuse des esprits en leur présentant d'une manière rapide
le tableau de l'astronomie, dépourvue des
difficultés qui en rendent l'accès impossible
aux personnes peu versées dans les mathématiques, est donc une entreprise qui ne peut
manquer d'être utile. Tel est le but que nous
nous sommes proposé dans ce Manuel; mais
quelque rétréci que soit le cadre que nous
avons employé, nous n'avons point cependant
élagué les explications ; et toutes les fois que
cela nous a été possible, sans le secours de
l'analyse mathématique, nous avons cherché
à satisfaire les esprits les plus rigoureux; c'est
en consultant à cet égard les ouvrages de nos
plus célèbres astronomes, MM. de Laplace,
Arago, Delambre, Biot et Francœur, etc.,
qu'il nous a été possible de donner aux idées

les plus compliquées la forme la plus élé-
mentaire.

La troisième édition que l'éditeur offre aujourd'hui au public a subi encore une nouvelle
révision, et on y a fait de nombreuses addi-
tions.

MANUEL
D'ASTRONOMIE.

PHÉNOMÈNES GÉNÉRAUX DE LA VOUTE CÉLESTE.

Aspect du ciel.

LES premiers habitans de la terre furent
sans doute frappés de la succession régulière et
constante du *jour* et de la *nuit*, et durent chercher à connaître les changemens qui s'opéraient
dans le ciel pendant ces deux phénomènes si
différens. A peine, en effet, le jour commence-t-il
à paraître que bientôt, dans une région du ciel,
se montre un disque brillant d'où s'échappe une
multitude de rayons lumineux qui répandent la
clarté; il s'élève lentement au-dessus de nos
têtes, puis redescend et se dérobe enfin à nos
regards; une faible lumière éclaire encore la
terre, peu à peu elle s'éteint et fait place à la

1

nuit. C'est alors qu'un nouveau spectacle va se
déployer à nos yeux : un seul astre avait, pendant le jour, attiré notre admiration par sa marche
majestueuse et par l'éclat de sa lumière; mais à
peine a-t-il disparu que de tous côtés apparaissent des points brillans, d'une grandeur variable,
décorant la voûte immense qui domine nos têtes :
leur nombre s'accroît à mesure que l'obscurité
devient plus profonde, et bientôt les espaces célestes en sont presque entièrement remplis. Les
mouvemens de ces corps ajoutent encore à la
beauté de ce tableau : tandis que les uns, se
mouvant dans la même direction que le soleil,
se dérobent comme lui à nos regards vers l'ouest,
d'autres se montrent à l'est, parcourent la voûte
céleste, et s'abaissant à leur tour du côté où
l'astre du jour a cessé de luire, ils échappent
entièrement à notre vue. Tels sont les phénomènes du *lever* et du *coucher* des astres. Tous
cependant ne vont point ainsi se cacher au-dessous de l'horizon; il en est en effet qui pour nous
n'atteignent jamais ce cercle, et dont par conséquent on peut suivre le cours pendant la nuit
entière. Les sept étoiles qui forment la *constellation* de la Grande-Ourse ou du Chariot, sont au
nombre de ces derniers; si l'on se place de ma-

nière à avoir l'orient à sa droite et l'occident à
sa gauche, on voit ce groupe, si connu dans nos
climats, prendre successivement des positions
diverses, sans que pour cela les astres qui le
constituent changent leurs relations mutuelles de
figure ou de distance. Cependant l'obscurité diminue, déjà le jour renaît, il augmente; le soleil,
par sa vive lumière, dissipe l'éclat des astres de
la nuit, et les phénomènes de la veille se renou-
vellent dans le même ordre ; c'est à ce mouvement
général des astres d'orient en occident, accompli dans l'intervalle d'un jour et d'une nuit, que
l'on a donné le nom de *mouvement diurne*.

Des observations plus parfaites ont appris que
des astres soumis au mouvement dont nous venons de parler en éprouvaient un particulier qui
altérait leur rapport de distance avec ceux qui
les environnaient : la lune nous en offre un
exemple remarquable; chaque jour, en effet, elle
s'éloigne de certains groupes d'étoiles pour se
rapprocher d'autres plus voisins de l'orient; en
sorte que les astres qui se couchaient avec elle
le jour précédent se couchent avant elle le lendemain. Elle s'est donc avancée d'occident en
orient en sens contraire du mouvement diurne.
Ce mouvement de déplacement par rapport aux

étoiles, dont les rapports entre elles sont constamment les mêmes, a été distingué sous le nom
de *mouvement propre*; les corps célestes soumis
à ce mouvement ont été nommés *planètes* ou
étoiles errantes, tandis que les autres astres, à
cause de leur immobilité, ont été appelés *étoiles
fixes* ou simplement *fixes*.

Le soleil, doué comme les planètes d'un mouvement propre, en présente un autre qui devient très sensible, tant par la différence de
calorique qu'il nous envoie que par celle de la
longueur des ombres produites par sa lumière.
C'est à ce mouvement composé que nous devons la variété des saisons et l'inégalité des
jours.

Quelquefois, enfin, on observe dans le ciel des
corps lumineux tout différens de ceux qui nous
ont occupés jusqu'à présent, et qui, par les divers changemens qu'ils subissent, ont toujours été
pour les peuples un objet d'étonnement et de cu-
riosité; d'abord très petits et peu brillans, ils
acquièrent bientôt des dimensions considérables,
et laissent apercevoir une traînée lumineuse
dont l'étendue et la vivacité sont très variables;
ce sont les *comètes*. Douées de mouvemens propres dont la direction est susceptible de changer,

plus elles s'approchent du soleil, plus leur queue se développe et devient lumineuse; enfin leur éclat, leur grandeur diminuent avec plus ou moins de rapidité, et elles disparaissent entièrement à nos yeux.

Tels sont les phénomènes que nous présente le ciel, et dont l'étude forme la base des élémens de l'astronomie. Reconnaître tous les astres qui parcourent l'espace, déterminer leur position rigoureuse, leurs rapports, leur volume, leur masse, leur distance, les lois du mouvement auquel ils sont assujettis, tel est le but de cette science, si grande par son objet, si utile dans ses applications, si propre enfin à élever l'homme à ses yeux, loin, comme quelques uns le prétendent, de lui révéler sa petitesse.

De la Sphère céleste.

Dans l'exposition du ciel que nous venons de présenter, nous avons fait connaître les principaux phénomènes qui s'étaient offerts à nos yeux par la simple inspection; nous allons maintenant développer les données nécessaires pour en obtenir l'explication.

Les divers mouvemens que nous avons re-

connus dans le ciel ont dû nous faire penser que
nous étions placés en un point de l'univers, autour duquel nous apercevions, comme d'un
centre, circuler une sphère parsemée d'une multitude de points étincelans qui y étaient attachés
à des profondeurs en apparence égales, et dont
nous ne découvrions qu'une partie. Cette sphère
semble tourner autour d'une ligne imaginaire
qu'on appelle *axe du monde;* les points supérieur et inférieur où cette ligne rencontre la
voûte céleste, se nomment *pôles,* du mot grec
πολεῖν, qui signifie tourner; celui de ces deux
points qu'à cause de notre position nous appe-
lons supérieur prend le nom de *pôle boréal* ou
arctique; l'autre, qui lui est diamétralement opposé et que nous n'apercevons point, s'appelle
pôle austral ou *antarctique.*

Il faut bien se garder de confondre ces deux
points avec celui situé exactement au-dessus de
la tête d'un observateur et son opposé; ces deux
derniers s'appellent, l'un le *zénith,* l'autre le *na-*
dir; chaque point de la surface du globe a donc
son zénith et son nadir, et il n'y a que deux
points à la surface de la terre où le zénith se
confonde avec le pôle; ces points sont les pôles
mêmes de la terre. Ainsi, *fig.* 1re, T étant le

point où est situé l'observateur, PP′ sont les pôles du monde, *p p′* les pôles de la terre, Z, N sont le zénith et le nadir; si l'observateur était situé en *e*, E deviendrait le zénith, E′ le nouveau nadir.

Concevez maintenant un plan *a b* (*fig.* 1re) tangent à la surface de la terre au point T, ce sera l'horizon sensible du lieu, il sépare la partie visible de la terre et des cieux de celle qui est invisible. On distingue en outre un second horizon ou horizon rationnel; c'est un plan parallèle au premier, mais assujetti à passer par le centre de la terre; ainsi H H′ est l'horizon rationnel de T; il est évident qu'à chaque lieu répond un nouvel horizon sensible ou rationnel. Ces plans ont un usage des plus importans en astronomie; c'est à eux qu'on rapporte les hauteurs des astres, dont la mesure, comme on le verra par la suite, est le fondement de la science.

Le grand cercle (1) passant par le zénith d'un lieu et par les pôles est le méridien de ce lieu.

_____

(1) On appelle grand cercle d'une sphère celui qui a pour centre le centre même de cette sphère, et petits cercles ceux qui ne satisfont point à cette condition.

Les étoiles, supposées toutes attachées à la
sphère céleste, décrivent chaque jour des cercles
d'autant plus petits qu'elles sont plus près des
pôles du monde. Le plus grand de ces cercles,
celui dont tous les points sont à égale distance
des pôles, est appelé *équateur;* quant aux cercles
parallèles à celui-ci, on les désigne simplement
sous le nom de *parallèles.*

L'équateur partage la sphère en deux parties
gales: l'une forme l'hémisphère boréal, celui
que nous habitons, l'autre l'hémisphère austral.

L'horizon rationnel d'un lieu est coupé par
l'équateur suivant une droite dont les points extrêmes se nomment, l'un *orient,* c'est celui où se
lève une étoile qui décrit l'équateur; l'autre *occident,* c'est le point où la même étoile se couche;
l'intersection de l'horizon par le plan du méridien de l'observateur détermine deux autres
points, le sud, situé du côté où se trouve le soleil
à midi, par rapport à nous; l'autre, qui lui est
opposé, est le nord; ces quatre points sont connus
sous le nom de *points cardinaux.*

Lorsque nous avons considéré les divers mouvemens des astres, nous avons reconnu qu'il y
en avait plusieurs qui ne se couchaient jamais,
et qui, par conséquent, étaient constamment

au-dessus de l'horizon ; parmi ceux-ci, il en est
quelques uns qui n'éprouvent que de très légers
déplacemens, et qui paraissent à peine se mouvoir. Ces astres, en effet, voisins de la ligne autour de laquelle tous les autres corps célestes
accomplissent leur révolution, décrivent des
cercles diurnes d'une si petite étendue qu'ils nous
sont à peine sensibles ; cependant on les voit
passer deux fois au méridien pendant une de leurs
révolutions ; la première fois au méridien supérieur, c'est-à-dire du côté du zénith ; la seconde
fois au méridien inférieur, c'est-à-dire entre le
pôle et l'horizon : on les nomme pour cette raison
circompolaires.

La position des astres, rapportée à l'équateur,
est connue par leur ascension droite et leur déclinaison. La *déclinaison* d'un astre est sa distance
angulaire à l'équateur mesurée sur un grand
cercle, qui passe par son centre et par les pôles
du monde. Ce cercle de déclinaison est donc perpendiculaire à l'équateur. La déclinaison est
australe ou boréale, suivant que l'astre est situé
dans l'un ou l'autre hémisphère de ce nom.

Nous dirons plus loin ce qu'on doit entendre
par ascension droite. Ces définitions une fois de-

venues familières au lecteur, il entendra facilement le reste de l'ouvrage.

De la Rondeur de la Terre et des principales divisions du Globe.

Maintenant que nous avons déterminé dans la
sphère céleste, qui a reçu aussi le nom d'*Em-
pirée* et de *Firmament*, d'après l'idée qu'on se
formait anciennement de sa solidité et de sa propriété de retenir les eaux du ciel, les principaux
points qui nous sont nécessaires pour arriver à
la connaissance de la position et des phénomènes
des astres, nous allons nous conduire de la même
manière à l'égard du lieu où nous sommes placés,
et que l'on nomme la *Terre*. Il paraîtra sans doute
étrange à nos lecteurs que nous parlions ici de la
sphéricité de la terre; mais comme il est nécessaire d'acquérir cette notion avant d'établir les
divisions de notre globe, nous avons cru devoir
placer ce sujet à cet endroit.

La forme de la terre est celle d'un corps arrondi à très peu près; on a long-temps méconnu
cette propriété; en effet, les premiers observateurs, s'abandonnant complétement aux illusions

de leurs sens, crurent d'abord que le ciel se confondait avec la terre aux limites de l'horizon sur lesquelles il semble s'appuyer, et que la surface terrestre était plane dans toute son étendue. Peu à peu une philosophie plus exacte et une observation plus attentive firent douter de ces opinions. On s'aperçut que toutes les fois qu'un navire s'éloignait du rivage, les parties inférieures disparaissaient d'abord, puis successivement celles qui étaient le plus élevées : les navigateurs eux-mêmes, près d'atteindre le port, ne voyaient d'abord que le sommet des parties les plus hautes, et ne distinguaient les plus basses qu'à mesure qu'ils approchaient davantage. Ces observations ébranlèrent fortement la croyance commune; enfin, les voyages de long cours entrepris dans les diverses parties de la terre, surtout ceux des navigateurs qui revinrent à l'endroit d'où ils étaient partis en faisant ainsi le tour du monde; des observations astronomiques, entre autres la projection circulaire de l'ombre de la terre sur le disque de la lune, lorsque celle-ci est en partie éclipsée, prouvent que la terre est à peu près sphérique; je dis à peu près, parce que, comme nous le verrons bientôt, elle est un peu aplatie aux extrémités de son axe.

La section de la sphère, par le plan de l'équateur céleste, détermine un grand cercle qui prend le nom d'équateur terrestre, dont la circonférence est la ligne équinoxiale, ou plus simplement la ligne.

L'horizon rationnel des peuples qui habitent sous la ligne passe donc par l'axe et par les pôles de la terre; il est perpendiculaire à tous les cercles parallèles à l'équateur.

De ce que le plan de l'équateur terrestre est le même que celui de l'équateur céleste, on ne doit pas conclure que les plans des *parallèles terrestres* correspondent à ceux des parallèles célestes. En effet, et comme nous l'apprendrons plus tard, les dimensions de notre planète sont tellement petites, qu'on peut les regarder comme nulles relativement à la distance du firmament; en sorte que deux plans passant par les pôles terrestres, prolongés jusqu'à la rencontre de la voûte céleste, seraient sensiblement dans le plan de son équateur.

Cependant, comme il est nécessaire de déterminer les cercles diurnes des étoiles pour apprécier les rapports qu'ils ont entre eux, on suppose tous ces cercles formant chacun dans le ciel la base d'un cône dont le sommet est le centre de

la terre. Les points où ce cône vient couper la
terre donnent un parallèle terrestre correspondant à celui du ciel. Ainsi soit (*fig.* 2) L N M,
le cercle diurne d'une étoile, il sera la base
d'un cône C L N M, dont le sommet est le centre C. Le parallèle terrestre *l n m* sera le correspondant de celui du ciel.

Des différens aspects du ciel suivant la position de l'observateur.

   Supposons que l'observateur occupe précisément un des pôles de la terre, soit, par exemple,
le pôle boréal ; ainsi que nous l'avons remarqué, la ligne de son zénith est confondue avec
l'axe de rotation ; le point du zénith, lui-même,
est le pôle céleste boréal, et l'horizon rationnel
est dans le plan de l'équateur. Dans cette position, tous les astres, dont la déclinaison est boréale, c'est-à-dire tous ceux qui sont compris
entre l'équateur et le pôle boréal, paraissent
parcourir des cercles parallèles à l'horizon. Ceux
des astres qui sont placés dans l'équateur rasent
toujours l'horizon, et tous ceux dont la déclinaison est australe demeurent constamment invisibles. Il résulte de là que toutes les fois qu'un
observateur sera placé à l'un des pôles de la

terre, il ne verra que la moitié des étoiles; chacune d'elles, en vertu du mouvement diurne,
restera constamment sur l'horizon : la route
qu'elle suivra sera constamment parallèle à ce
plan, en sorte que sa hauteur sera toujours
égale à sa déclinaison. C'est à cause du parallélisme de tous ces mouvemens à l'égard de l'horizon, que *la sphère est dite parallèle*, par rapport à un individu situé sur un des pôles de la
terre.

Si l'observateur se transporte à l'équateur,
où sa verticale sera perpendiculaire à l'axe de
l'équateur, cet axe lui-même se trouve tout entier dans le plan de l'horizon rationnel de l'observateur, et passe par tous les points P N C U
(*fig.* 3), centre des parallèles des étoiles; il les
coupe ainsi perpendiculairement en deux parties
égales; la moitié de chacun de ces parallèles qui
est vers Z est au-dessus de l'horizon, et l'autre
moitié vers E est toujours au-dessous. Ainsi,
toutes les fois qu'un observateur sera dans la
position dont nous venons de parler, il aperce-
vra les étoiles pendant tout le temps qu'elles décriront la moitié de leurs cercles diurnes, et les
plans dans lesquels elles se meuvent seront toujours perpendiculaires à l'horizon. S'il se tourne

vers l'orient, il verra les étoiles qui se leveront
dans le plan de l'équateur s'élever vis-à-vis de
lui verticalement, tandis que celles qui seront à
sa droite ou à sa gauche décriront des cercles
parallèles aux premiers, mais de plus petits en
plus petits, et de moins en moins élevés sur l'horizon. Il découvrira même, vers le sud et vers
le nord, des étoiles dont le mouvement sera à
peine sensible. C'est à cause de cette direction
que la *sphère* est dite *droite*, pour un observateur placé sur l'équateur.

Si l'observateur maintenant s'avance de l'é-
quateur vers un des pôles, celui du nord, par
exemple, alors sa verticale s'incline de plus en
plus vers la partie boréale de l'axe du monde,
en s'écartant du plan de l'équateur : le pôle boréal paraît s'élever de plus en plus sur l'horizon,
et le pôle austral s'enfoncer dessous à proportion.

Soit, par exemple, un observateur écarté de
30 degrés de l'équateur vers le pôle arctique
ayant pour ligne de son zénith C F (*fig.* 3);
le grand cercle H O R, perpendiculaire à C F,
sera son horizon; le plan de l'équateur E O Z
sera éloigné du zénith F de 30 degrés, et, par
conséquent, distant de l'horizon de 60 degrés.
Le pôle boréal P sera élevé de 30 degrés mesu-

rés par l'angle H C P, et le pôle austral sera abaissé de la même quantité au-dessous de ce plan.

Il suit de là que, quel que soit le lieu occupé par un observateur, la distance de son zénith à l'équateur, ou *sa latitude, est égale à la hauteur du pôle sur son horizon*, et *la distance du pôle au zénith est égale à la hauteur de l'équateur;* que, pour tout observateur placé entre le pôle et l'équateur, les plans des parallèles célestes sont inclinés sur l'horizon, et que les astres, qui les décrivent par l'effet du mouvement diurne, doivent s'avancer obliquement sur l'horizon, puis descendre obliquement en s'abaissant vers ce plan. Tout observateur situé comme nous venons de le dire, a sa *sphère oblique*. Dans ce cas, tous les astres dont le complément (1) de la déclinaison est plus petit que la hauteur du pôle, sont constamment visibles. Ainsi soit (*fig.* 3) D I L, un parallèle décrit par une étoile située au-dessus de l'horizon, le complément L P $=$ D P de la déclinaison étant moindre que la hauteur du pôle

---

(1) On appelle complément d'un arc ou d'un angle sa différence à 90°.

H P, le point le plus bas de son cours n'atteindra jamais l'horizon H O R ; au contraire, les
étoiles qui décrivent des parallèles situés au-dessous de l'horizon, comme S U T, ayant le complément de leur déclinaison, T P', plus petit
que la distance P' R, qui mesure l'abaissement
du pôle inférieur P', elles ne paraîtront jamais
sur l'horizon H O R. Dans la sphère oblique,
tous les parallèles qui peuvent être coupés par
l'horizon le sont en deux parties inégales,
excepté l'équateur. C'est à cette inégalité dans
la portion de parallèle située au-dessus de l'horizon que l'on doit l'apparition plus ou moins
prolongée d'un astre, et la distance des astres
au pôle placé du côté de l'observateur sert à
mesurer l'étendue de leur révolution apparente.
Ainsi, plus un astre sera voisin de ce pôle,
plus la portion de son parallèle sera étendue, et
plus, par conséquent, il demeurera de temps au-
dessus de l'horizon. Le contraire aurait lieu pour
les étoiles situées près du pôle inférieur. On
peut exprimer cela d'une manière plus précise
en disant que les astres resteront d'autant plus
long-temps sur l'horizon que leur déclinaison
de même dénomination que le pôle de l'observateur sera plus grande, tandis que le contraire

..

aura lieu pour ceux qui seront situés près du
pôle opposé.

Des diverses circonstances du mouvement diurne des étoiles.

Après avoir fait connaître en partie à nos
lecteurs la construction de la sphère céleste, et
les divisions analogues établies sur le globe terrestre par les astronomes, afin de pouvoir comparer les diverses positions de l'observateur par
rapport au ciel qu'il interroge, il s'agit d'étudier
les diverses circonstances que nous présente le
mouvement diurne des étoiles.

Celle qui a fixé plus particulièrement l'attention des observateurs est l'égalité constante de
chaque révolution pour quelque étoile que ce
soit. Si, en effet, on dirige une lunette vers une
étoile quelconque, et que l'on compte l'intervalle
de temps écoulé jusqu'au moment où elle repa-
raîtra de nouveau dans la lunette, fixée d'une
manière immobile et dans une situation convenable, on s'assure aisément que la durée de la
révolution est absolument la même en quelque
temps que ce soit, et pour quelque étoile que ce
soit. Les variations qu'elle éprouve étant extrêmement légères, et appréciables seulement pour

quelques fixes voisines de l'axe de rotation, ou causées par l'imperfection des instrumens mis en usage, les astronomes s'en sont servis pour obtenir, avec une précision parfaite, la *mesure du temps*. Ils ont appelé *jour sidéral* l'intervalle de temps écoulé entre deux retours consécutifs d'une étoile au même méridien. Les instrumens imaginés pour en évaluer la durée, d'abord très-grossiers et nommés *clepsydres,* consistaient dans des vases remplis d'eau, de sable ou de mercure, dont l'écoulement était le moyen de mesure. Il est facile de s'imaginer que des instrumens aussi imparfaits ne pouvaient donner que des mesures très-inexactes ; aussi est-ce là le caractère dont sont revêtues celles qui nous ont été transmises par les anciens. Plus tard, des découvertes nouvelles en physique, et des procédés mécaniques plus ingénieux, firent imaginer des instrumens beaucoup plus parfaits, auxquels on donna le nom d'*horloges* ou de *pendules,* et qui ont atteint successivement, et surtout dans ces derniers temps, un grand degré d'exactitude.

Leur construction se réduit, en dernier lieu, à un fil vertical à l'extrémité duquel est suspendue une lentille très pesante, dont le nombre d'oscillations est indiqué sur un cadran par une

ou plusieurs aiguilles. Les divisions qui y sont
tracées, afin d'apprécier la succession des phénomènes les plus rapides, peuvent être *sexagé-
simales* ou *décimales :* dans le premier, la circonférence du cadran est partagée en vingt-
quatre divisions principales, que l'on appelle
heures, et qui sont parcourues par une aiguille
pendant l'intervalle d'un jour et d'une nuit.
Chaque heure est divisée en soixante *minutes,*
et chaque minute en soixante *secondes,* en sorte
que l'aiguille de ce dernier système décrit la
circonférence entière du cadran, tandis que
celle des minutes n'avance que de la soixantième
partie.

L'introduction du système décimal dans
toutes les mesures dut nécessairement trouver
son application à celle du temps astronomique,
et l'on eut des horloges *décimales.* Dans celle-ci,
le jour sidéral est composé seulement de dix
heures, subdivisées chacune en cent minutes, et
chaque minute en cent secondes.

Après avoir reconnu la durée de la révolution
des étoiles, une question très simple se présente
à l'esprit. Le mouvement sidéral est-il *uniforme?*
c'est-à-dire, une étoile quelconque parcourt-elle
des espaces égaux dans des temps égaux? Pour

la résoudre, on a recours à l'appareil suivant,
que l'on appelle machine *parallactique* : il se
compose d'un cercle gradué et fixé à un axe
central perpendiculaire à son plan ; le prolongement de cet axe se confond avec le diamètre
d'un autre cercle mobile qui demeure ainsi constamment perpendiculaire au premier ; ce second
cercle, armé d'une lunette susceptible de prendre toutes les inclinaisons par rapport à l'axe
central, fait mouvoir, en tournant sur cet axe,
une aiguille qui indique sur le premier cercle
les arcs horizontaux qu'il a parcourus. Dirigeons
maintenant la lunette vers une étoile qui n'ait ni
lever ni coucher : quelle position faudra-t-il
donner à l'instrument pour la suivre pendant
le trajet qu'elle parcourt dans le ciel? Nous
avons vu précédemment que le mouvement
diurne s'exécutait autour d'un axe ; la condition
indispensable, pour suivre le cours de l'étoile
dans le ciel, sera donc que l'axe de la machine
soit dans la même direction que celui du ciel.
Cela posé, si l'on veut ne point perdre de vue
l'étoile que l'on examine dans les déplacemens
divers auxquels elle est soumise, on voit qu'il
s'agit simplement d'imprimer au plan mobile un
mouvement correspondant à celui qu'exécute

l'étoile, en sorte que la lunette restant dans une
inclinaison constante, son objectif décrit un
cercle qui forme la base d'un cône dont le sommet existe en un point du ciel situé sur le prolongement de l'axe de rotation de l'instrument.
Si l'on s'aide d'une horloge bien réglée pour
évaluer les intervalles de temps qui s'écoulent
pendant que le plan mobile parcourt sur le plan
fixe des arcs égaux, on voit que ces intervalles
sont tous égaux entre eux. Il suit de là que,
toutes les fois que l'on voudra apprécier de combien s'est déplacée une étoile, il sera indifférent
de prendre pour mesure l'arc parcouru, que
l'on évalue par le nombre de degrés qui y sont
compris, ou l'intervalle de temps écoulé pendant
le trajet d'une extrémité de l'arc à l'autre,
pourvu, toutefois, que l'on ait préalablement
établi un rapport connu entre le nombre de degrés parcourus pendant un temps déterminé.
Ainsi, puisque le ciel effectue sa révolution en
vingt-quatre heures d'un mouvement uniforme,
si l'on partage tous les cercles diurnes en trois
cent soixante *degrés*, chaque degré se subdivi-
sant en soixante *minutes*, et chaque minute en
soixante *secondes*, les étoiles décriront des arcs
de quinze degrés par heure, d'un degré en

quatre minutes, et d'une minute en quatre secondes de temps. Mais ici il faut faire une distinction bien importante entre les divers cercles,
c'est que les uns, tels que les grands cercles,
étant tous égaux entre eux, et les autres, au
contraire, tels que les parallèles, variant pour
chacune des étoiles, leurs divisions en degrés,
minutes et secondes, ne pourront coïncider avec
celles des premiers ; et, pour comparer les résultats, on sera obligé de déterminer la valeur des
degrés d'un parallèle quelconque relativement à
ceux d'un grand cercle (1). Au moyen des observations précédentes, nous sommes donc amenés
à conclure que le mouvement sidéral est constamment uniforme, qu'il est exactement circulaire et qu'il s'accomplit autour d'un même axe.

---

(1) Le lecteur géomètre comprendra facilement
que, pour réduire un nombre de degrés , minutes et
secondes d'un parallèle en degrés, minutes et secondes
de l'équateur, par exemple, il devra multiplier le
nombre donné par le sinus de la distance polaire du
parallèle ; réciproquement pour convertir les arcs
d'équateur en arcs de parallèle, il faudra les diviser
par le sinus de la distance polaire.

Détermination du Méridien et de la Méridienne.

Lorsque nous avons examiné la variété des phénomènes qui se manifestaient dans la voûte céleste, une circonstance particulière commune à tous les astres est venue nous frapper. Nous les avons vus s'élever successivement au-dessus de l'horizon, puis s'abaisser au-dessous de ce plan. Quel sera le point où l'astre cessera de monter ? Comment arriverons-nous à sa détermination ?

Les astronomes ont imaginé plusieurs moyens pour y parvenir ; le suivant, fondé sur les *hauteurs correspondantes du soleil*, est un des plus simples que l'on puisse employer.

Sur une surface exactement horizontale (ce dont on s'assure au moyen du niveau à bulle d'air), on plante un style vertical, du pied duquel on décrit, comme centre, plusieurs circonférences. On a soin de marquer sur chacune d'elles les points correspondant aux extrémités des ombres projetées par le soleil à diverses hauteurs, avant et après midi, par exemple, à neuf heures du matin et à trois de l'après-midi, à dix heures et à deux heures, à onze heures et à une heure. On divise ensuite l'arc compris

entre les deux points que l'ombre a tracés sur
chaque circonférence, et on obtient ainsi une
ligne qui partage également chacun des arcs, et
qui, passant par le pied du style, indique le
plan dans lequel se trouve le soleil lorsqu'il atteint sa plus grande hauteur. L'instrument qui
sert à le reconnaître se nomme un *gnomon*.

Le plan dont nous venons de parler se nomme
le *méridien*, parce qu'il détermine, pour l'observateur qui l'occupe, le milieu du jour ou *midi ;*
il passe par l'axe de rotation du monde, coupe
l'horizon suivant une droite qui prend le nom de
méridienne, et fixe ainsi les quatre points cardinaux. Le mode de détermination du méridien que
nous venons de faire connaître n'est point rigoureux ; car, comme nous le verrons plus tard, la
déclinaison du soleil changeant chaque jour, d'une
quantité peu appréciable, il est vrai, mais qui
devient très sensible avec le temps, il en résulte
que le plan du méridien ne sera point fixe et ne
pourra convenir aux astres dont les mouvemens
ne seront pas semblables à ceux du soleil ; cependant, lorsque nous connaîtrons de combien la
déclinaison varie chaque jour, il sera facile d'éviter les erreurs dans lesquelles nous pourrions
tomber, et ce procédé si précieux par sa sim-

3

plicité, dépouillé de tous ses inconvéniens, pourra être mis sans crainte en usage.

Une méthode très simple encore, et dont on peut se servir conjointement avec la précédente pour établir un méridien, est celle de la mesure du temps. On a recours pour cet effet à un instrument très fréquemment employé par les astronomes; c'est l'*instrument des passages* (*fig.* 12), ainsi appelé parce qu'il sert à observer les astres au moment de leur arrivée dans le plan du méridien; on le nomme aussi *lunette méridienne*, parce qu'on l'emploie également pour connaître la *hauteur méridienne* des astres, c'est-à-dire le point où ils ont atteint leur plus grande hauteur au-dessus de l'horizon.

Cet instrument se compose d'une lunette astronomique, tube cylindrique aux extrémités duquel sont placés deux verres convexes : l'un, tourné du côté de l'objet, est l'*objectif*; l'autre, qui est près de l'œil, se nomme l'*oculaire*. Au foyer de l'objectif est placé un diaphragme percé à son milieu, pour ne laisser passer que les rayons voisins de l'axe, et rendre la vision plus nette. En ce même endroit sont disposés, sur une plaque métallique mobile, des fils très fins et bien tendus qui divisent l'espace circulaire que la vue embrasse

dans le ciel au moyen de cet instrument, et que
l'on nomme *champ de la lunette*, en quatre parties
égales. Cet appareil de fils, ordinairement au
nombre de cinq verticaux et parallèles, et d'un
sixième horizontal, constitue le *micromètre; telle
est la *lunette astronomique*. Celle-ci, dans l'instrument des passages, est pourvue d'un micromètre
fixe et soutenu sur un axe parfaitement horizontal,
porté lui-même sur deux coussinets susceptibles
de se mouvoir, l'un dans le sens vertical, afin de
donner à la lunette une direction rigoureusement
horizontale, comme on le vérifie au moyen du
niveau à bulle d'air; l'autre, au contraire, dans
le sens horizontal, afin d'amener l'axe de la
vision qui doit correspondre au troisième fil du
micromètre dans le plan que l'on a choisi. Les
coussinets sur lesquels reposent les bras de l'axe
qui soutient la lunette sont fortement fixés dans
des tourillons très solides et inébranlables.

Pour vérifier si l'*axe optique* correspond exactement à l'objet que l'on veut observer, on
dirige la lunette vers un point de mire qui doit
passer par le centre des fils, puis on la retourne,
et si le point de mire se retrouve dans la même
direction, alors l'axe optique est réglé, et l'on
peut faire usage de l'instrument. En vertu de sa

construction, la lunette ne peut se mouvoir que dans un seul plan vertical, et c'est pour savoir l'inclinaison qu'elle peut prendre que l'on a soin de garnir l'un des bras de l'axe d'un limbe demi-circulaire.

Pour déterminer maintenant le plan du méridien, on place l'instrument dans un plan vertical, on dirige la lunette vers une étoile constamment visible, on l'observe à l'instant de sa plus grande et de sa plus petite hauteur, et on compte sur une horloge bien exacte le temps écoulé entre les deux passages de l'étoile. Presque toujours alors, si l'on a choisi un plan vertical quelconque, on trouve une grande différence, l'un étant plus grand qu'une demi-révolution, c'est-à-dire que douze heures sidérales, et l'autre plus petit. Il suffira donc de connaître cette différence et d'amener peu à peu la lunette dans le plan qui divisera exactement en deux moitiés le cercle diurne de l'étoile, ce que l'on pourra facilement exécuter après plusieurs observations consécutives.

Le méridien ainsi établi est, comme nous l'avons dit plus haut, un grand cercle de la sphère céleste passant par le zénith du lieu et par les pôles, partageant les arcs diurnes des parallèles décrits par les étoiles en deux parties égales, et sur lequel elles arrivent à l'instant de leur plus grande ou de leur plus petite hauteur.

Tous les plans semblables au méridièn, mais non perpendiculaires, comme celui-ci, à l'horizon de l'observateur qui n'est point situé au pôle, sont les *plans horaires :* on leur donne ce nom parce qu'en les faisant passer par une étoile dont on veut connaître la distance au méridien, et en la mesurant au moyen des angles qu'ils forment avec le plan fixe, et qu'on appelle *angles horaires*, on détermine l'heure à laquelle l'étoile doit passer ou a passé dans ce plan. On désigne aussi quelquefois les cercles horaires par le nom de *cercles de déclinaison;* mais il y a une distinction à faire sur l'emploi de ces deux dénominations : la première sert principalement pour mesurer la distance des astres par rapport au méridien, évaluée en degrés ou en temps; tandis que la seconde n'est mise en usage que quand on veut calculer l'élévation d'un astre quelconque au-dessus de l'équateur.

Le méridien céleste détermine sur la terre un plan analogue que l'on appelle *méridien terrestre.* Tous les autres plans de notre globe analogues aux plans horaires du ciel sont les méri-

diens terrestres qui, comme ceux-ci, passant par
l'axe de rotation, peuvent prendre, par rapport
au méridien vertical déterminé, toutes les inclinaisons possibles.

Des diverses méthodes propres à fixer la position des astres.

La nécessité de connaître d'une manière précise la situation des astres dans le ciel fit inventer
plusieurs procédés. Pour y parvenir, deux furent
particulièrement employés.

Dans le premier, l'observateur ayant choisi
un méridien auquel il rapporte toutes les distances des astres, se sert des arcs qui mesurent
les angles formés par les plans verticaux passant
par chacun d'eux avec le méridien; mais il faut
préalablement avoir fixé la hauteur de l'astre
que l'on observe sur le plan vertical où il est
placé.

Pour déterminer cette hauteur, l'observateur
a besoin d'un instrument qui a reçu le nom de
quart de cercle mural.

C'est un secteur appuyé ordinairement contre
une muraille solide, ce qui lui a fait donner son
nom; il est garni d'une lunette mobile au foyer
de laquelle se trouve un micromètre composé de

deux fils mobiles seulement, l'un vertical, l'autre
horizontal. Le rayon du cercle doit être disposé
tout-à-fait verticalement dans le plan du méridien, et doit correspondre au o des divisions
tracées sur le cadran décrit par le rayon. Le fil
vertical du micromètre sert à diriger l'axe optique dans le plan du rayon; condition indispensable pour que les arcs mesurés par le limbe
soient égaux à ceux que décrit l'axe optique. Au
moment où l'astre entre dans le champ de la
lunette, au moyen d'un mécanisme convenable
on lui fait suivre le fil horizontal, et lorsque son
centre touche au fil vertical, il est exactement
dans le plan du méridien. On lit ensuite sur le
limbe l'arc qui mesure l'angle formé par le rayon
vertical et le rayon visuel; cet angle est la distance au zénith complément de la hauteur méridienne. Ainsi, soit (*fig.* 4) HH' l'horizon,
Z A B le vertical passant par l'astre A, A B est
la hauteur méridienne, A Z est la distance au
zénith complément de l'arc A B.

Il s'agit maintenant de connaître l'angle compris entre le vertical dans lequel se trouve l'astre
que l'on observe, et le méridien; cet angle
s'appelle l'*azimuth* de cet astre, il est oriental ou
occidental. On peut y arriver en notant exacte-

ment l'heure de son passage au méridien et dans
le vertical où on l'observe; alors le temps qui
s'est écoulé entre ces deux passages en donne la
valeur. Ce moyen, extrêmement simple, est
employé assez fréquemment. La distance au zénith et l'azimuth d'un astre, élémens nécessaires
pour fixer la position, peuvent s'obtenir encore
à l'aide d'un instrument que l'on nomme *cercle
entier,* et composé de deux cercles gradués, dont
l'un, horizontal, offre la trace de la méridienne,
et dont l'autre, muni d'une lunette à micromètre,
est perpendiculaire au précédent et peut se mouvoir autour de la verticale qui le traverse à son
centre. Au moment où l'on veut observer l'astre,
on le place au centre des fils, en ayant soin
préalablement de disposer, dans son plan vertical, le cercle dont nous avons parlé en dernier
lieu. Il indique alors la hauteur de l'astre sur
l'horizon, et sa distance au zénith qui en est le
complément, tandis que le cercle horizontal ou
azimuthal marque l'azimuth au moment de l'observation.

Les distances au zénith et les azimuths forment,
comme on le voit, un système d'angles à l'aide
desquels il est très facile d'obtenir la position
des astres d'une manière rigoureuse. Mais cette

méthode présente un inconvénient qui l'a fait rejeter presque entièrement; c'est que le zénith et les azimuths, variant toutes les fois que l'observateur change d'horizon et de méridien, on n'a ainsi aucun point fixe auquel on puisse rapporter toutes les observations, et les diverses positions n'offrent rien de comparable. C'est pour cela que l'on a préféré la méthode suivante, dite *des ascensions droites et des déclinaisons.*

Dans celle-ci, il suffit de connaître le cercle horaire de l'astre et sa position sur ce cercle.

La position de l'astre sur le cercle horaire se détermine au moyen de l'instrument qui nous a servi à mesurer les hauteurs méridiennes. On en déduit la distance au pôle, et de celle-ci, celle à l'équateur qui en est le complément, et que l'on nomme *sa déclinaison*, ce qui fait qu'on appelle quelquefois les cercles horaires *cercles de déclinaison.*

La déclinaison se compte depuis o jusqu'à un angle droit; on la dit *boréale* ou *australe*, suivant que l'astre est au nord ou au sud de l'équateur.

Quant à la position du plan horaire, elle se détermine d'après l'angle qu'il fait avec un plan horaire désigné. Si l'angle dièdre formé par

la rencontre de ces plans est mesuré par un arc
d'équateur, cet arc est ce qu'on nomme *l'ascen-*
sion droite. On le détermine en observant le
temps qui s'écoule entre le passage de l'astre au
méridien et celui du plan horaire, que l'on a
choisi pour point de départ. Les astronomes dé-
signent par le signe ♈ le point à partir duquel
ils comptent les ascensions droites; ce point est
celui où le soleil coupe l'équateur lorsqu'il remonte du tropique austral vers le nord.

L'*ascension droite* est donc l'angle que forme
le plan horaire d'une étoile avec le méridien, à
l'instant où le point fixe du bélier ♈, point où le
soleil nous paraît être au printemps, se trouve
dans le plan du méridien. L'ascension droite se
compte toujours d'occident en orient, et depuis o
jusqu'à la circonférence entière. Ce système de
lignes au moyen duquel on détermine la position
des astres offre, comme il est facile de l'apercevoir, beaucoup d'analogie avec le précédent;
mais il en diffère essentiellement en ce que les
positions des astres étant prises par rapport à
des cercles de la sphère céleste invariablement
fixés, puisque, en effet, ce sont l'équateur céleste
et un méridien fixe, tous les observateurs situés
à la surface de la terre peuvent y rapporter leurs

observations et comparer entre eux les résultats qu'ils ont obtenus. La déclinaison et l'ascension droite connues, on trouve tous les rapports de situation et de distance sur la sphère céleste. (1)

Ce que nous venons de dire va faire comprendre comment on peut obtenir un *catalogue d'étoiles* au moyen de la lunette méridienne, ou de tout autre instrument convenable. On détermine l'instant du passage d'une étoile quelconque que l'on connaît dans le plan du méridien; on note exactement l'heure, la minute, la seconde de son passage, en partant de 0^h du pendule; on fait la même chose pour toutes les autres étoiles, à mesure qu'elles arrivent dans le plan du méridien.

_____

(1) L'*arc de distance* de deux étoiles, par exemple, c'est-à-dire l'arc de grand cercle qui les unit, se déterminerait évidemment de la manière suivante : Soient D la différence des ascensions droites ou l'angle au pôle, $p\,p'$ les distances polaires, complément des déclinaisons; Δ l'arc de distance cherché, on déterminera un angle auxiliaire φ par la condition

$$\text{tang. } \varphi = \cos. \text{ D tang. } p',$$

et l'on obtiendra ensuite Δ par la relation

$$\cos. \Delta = \frac{\cos. \ p' \cos. \ (p-\varphi)}{\cos. \ \varphi.}$$

On connaît ainsi la différence de leurs ascensions
droites ; on connaît également la hauteur de chacune d'entre elles. Ces données acquises, il est
facile d'indiquer la position qu'elles doivent conserver entre elles, et on possédera ainsi une *carte
céleste* sur laquelle seront tracés les divers groupes
d'étoiles qui forment les *constellations*. Les premières cartes célestes sont très anciennes ; Hipparque est le premier qui les ait construites, et
comme les distances relatives des étoiles n'ont pas
offert de changemens sensibles depuis les premières observations, elles peuvent toujours être
employées pour connaître le ciel.

Le point qui sert d'origine pour les ascensions
droites en sert aussi pour le temps sidéral, c'est-
à-dire que l'on compte o^h o′ o″ sidérales au moment du passage au méridien.

On conçoit, d'après cela, que rien n'est plus
facile que de savoir l'heure qu'il est en temps sidéral, la hauteur du pôle dans le lieu où l'on observe étant préalablement connue. Il suffit d'observer la distance zénithale d'une étoile connue,
et de calculer son angle horaire, compté par
exemple du méridien supérieur, et dans le sens
du mouvement diurne de o à 36o°, en ajoutant
cet angle à l'ascension droite de l'étoile, et reje-

tant les circonférences entières s'il y en a. Le
reste converti en temps exprimera la distance
du méridièn au point du ciel que l'on a pris
pour origine, c'est-à-dire l'heure sidérale. (Biot,
Astron. phys.)

De la Terre.

Après avoir reconnu tous les phénomènes apparens que le spectacle du ciel nous a fait apercevoir, déterminé les positions que nous pouvons prendre sur le lieu que nous occupons
relativement à cette voûte concave, où sont
suspendus à une distance infinie tous les corps
lumineux qui font le sujet de notre observation,
étudié les diverses circonstances de leurs mouvemens, il faudrait, si nous voulions prolonger
l'illusion qui a dû entraîner dans l'erreur les
premiers observateurs, continuer à apprécier
toutes les apparences des astres doués d'un
mouvement propre, et après avoir recueilli tout
ce qui aurait été découvert sur chacun d'eux, les
diverses hypothèses proposées pour l'explication
de leurs nombreux phénomènes, nous parvien-
drions ainsi à connaître successivement tous les
faits qui composent l'astronomie. Le tableau des
erreurs et des progrès de l'esprit humain se dé-
roulerait à nos yeux, et nous atteindrions enfin

4

jusqu'à l'état actuel de la science, ce qui est précisément le but de nos études. Sans doute cette
marche facile et naturelle, et capable de nous
faire acquérir l'instruction la plus profonde,
pourrait mériter la préférence ; mais notre but
ici, étant d'exposer le plus rapidement possible
les faits généraux de la science astronomique, et
de la présenter à l'état de perfection où elle est
arrivée maintenant, afin d'en faire embrasser
l'ensemble de la manière la plus rapide aux
personnes qui ne veulent en posséder que les
bases principales, elle convient beaucoup mieux
aux auteurs qui doivent tracer l'histoire de l'astronomie ; nous renvoyons nos lecteurs aux
ouvrages qui nous ont été laissés sur cette matière par d'illustres astronomes, et nous allons
passer de suite aux phénomènes que la terre nous
présente.

Dimensions du Globe. Aperçu des moyens
qu'on emploie pour les déterminer.

Nous avons vu précédemment que la terre
avait sensiblement la figure d'une sphère ; or,
si l'on connaissait la longueur absolue d'un degré de cette sphère, rien ne serait plus facile que
d'en déduire la circonférence de son grand cer-

cle, son diamètre, sa surface et son volume.

La recherche des dimensions du globe se réduit donc pour nous à celle de la mesure d'un
degré ; remarquons d'abord que les dimensions
de la terre sont nulles lorsqu'on les compare à
la distance infinie qui la sépare des étoiles ; en
effet, si un observateur placé à la surface de la
terre cherche à mesurer l'angle compris entre
les rayons visuels dirigés de son œil à deux
étoiles quelconques, cet angle conservera la
même valeur pour les mêmes étoiles en quelque
point du globe qu'on se transporte pour répéter
l'observation que nous supposons faite avec tout
le soin qu'exige la perfection de nos instrumens ;
on sait cependant que l'angle, au sommet d'un
triangle, augmente ou diminue selon qu'on s'approche ou qu'on s'éloigne de sa base. Or, puisque cet angle reste pour nous invariable, nous
sommes autorisés à regarder la terre comme un
point relativement à sa distance aux étoiles seulement, à ne point tenir compte de son rayon,
à confondre son centre avec un point quelconque
de sa surface. Ainsi dans la *figure* 13 *bis*, E
étant la polaire, par exemple, Z C la verticale
du point S, nous pouvons regarder l'angle Z S E
comme égal à Z C E, et Z′ S′ E comme égal à

Z' C E; généralement l'angle formé en un point quelconque de la surface, par la verticale de ce point et le rayon visuel dirigé à l'étoile, est égal à l'angle au centre formé par le prolongement de cette verticale et la droite qui joint le centre à l'étoile. Prenant donc Z' S' E de 1 degré plus grand que Z S E, et regardant S S' M P comme un méridien, on aura la longueur du degré en mesurant directement la distance terrestre S S'; on en conclura la circonférence P S S' M P, en multipliant la longueur de ce degré par 360. On conçoit que rien n'empêche de prendre la distance angulaire des verticales plus grande ou plus petite que 1 degré, une simple proportion donnerait toujours la longueur du degré et par conséquent la circonférence du méridien. Voyons comment on parvient à la longueur absolue de l'arc du méridien S S' : nous avons déjà fait concevoir comment on pouvait reconnaître la direction de ce grand cercle, l'instrument des passages pourrait être employé pour en marquer la trace à la surface de la terre ; car, fixant cet instrument dans le plan du méridien, on n'a qu'à en diriger la lunette vers un objet terrestre éloigné, et marquer le point qui se trouve sous le fil vertical du milieu, la projection sur la sphère

de la plus courte distance de ce point au fil vertical, serait le tracé de la méridienne.

En prenant successivement plusieurs points
semblables, et en y transportant l'instrument
des passages, on prolongerait la méridienne
aussi loin qu'il serait nécessaire et on la mesu-
rerait; mais cette opération peut présenter un
grand nombre de difficultés, tant à cause des
inégalités nombreuses qui existent à la surface
du globe, qu'à cause de la multiplicité des villes.

On est obligé, dans cette circonstance, d'a-
voir recours aux méthodes trigonométriques (1),
on établit un enchaînement de triangles qui se
rapprochent le plus possible de la méridienne.
On mesure avec le plus grand soin, et par des
méthodes que nous n'exposerons point ici, le
premier côté de cette chaîne qu'on nomme *base*,
et, au moyen des angles qu'on relève avec le
cercle répétiteur, on procède de triangle en

---

(1) La plupart de nos lecteurs n'ignorent point,
sans doute, que la trigonométrie enseigne à déterminer les angles et les côtés d'un triangle, par le moyen
de données qui sont, pour les triangles rectilignes,
trois des six parties qui les composent dont au moins
un côté, et pour les triangles tracés à la surface d'une
sphère, trois parties quelconques.

triangle au calcul de tous les côtés. On vérifie
l'exactitude des calculs et des observations en
mesurant directement le dernier côté du réseau,
comme on a mesuré la base. La mesure directe
et le calcul devraient, à la rigueur, donner une
même valeur, mais on sent bien qu'il est impossible d'arriver à un tel résultat. Dans la grande
opération dirigée par MM. Méchain et Delambre, la première base avait été mesurée dans les
environs de Melun, et la dernière auprès de
Perpignan : tels furent les soins qu'ils mirent à
cette opération, que la base de Perpignan calculée d'après celle de Melun, ne différait que
de 10 pouces de sa véritable longueur. Quelle
précision! 10 pouces furent la résultante de
toutes les erreurs commises dans les mesures des
bases, dans les valeurs des angles et dans les
calculs des 60 triangles qui les unissaient Le réseau bien connu dans toutes ses parties, on détermine par des observations dans quel sens la
méridienne le traverse, et le calcul fournit la
longueur de la méridienne. On sait que ce fut
en exécutant ces opérations que les astronomes
français établirent ce système de mesure dont
la base, prise dans la nature, et invariable
comme elle, est, sans contredit, le plus beau

monument des travaux astronomiques modernes.
Ces recherches ont aussi confirmé l'aplatissement
de la terre à ses pôles et son renflement à l'é-
quateur, ainsi que Newton l'avait déjà pressenti
à l'aide de ses calculs. En effet, le degré ou l'espace qu'il faut parcourir sur la terre pour que
la verticale ait changé d'un degré, n'a point la
même valeur à toutes les latitudes, il a été
constamment trouvé d'autant plus long qu'on s'approche davantage du pôle : le degré de Suède,
par exemple, surpasse celui de l'équateur d'environ 395 toises; ce qui indique un aplatissement et non un allongement, comme on l'avait
pensé d'abord; car (*fig.* 14) plus un arc P A
aura de convexité ou de courbure, l'angle F
étant d'un degré, plus cet arc P A sera court.
Si au lieu de P A on prend P D plus convexe et
plus courbe que P A, la ligne D G étant parallèle à A F, et l'angle P G D d'un degré aussi-
bien que P F A, cet arc P D sera plus court,
quoiqu'il soit aussi d'un degré, et sa longueur
absolue sera plus petite que celle du degré P A.

La mesure de cet aplatissement (1) a donné

(1) On appelle *aplatissement* le rapport de la différence des deux demi-axes au demi-grand axe ; ainsi

$\frac{1}{309}$, c'est-à-dire que l'arc d'un degré pris sous l'équateur est surpassé par celui du pôle d'un 309° de sa longueur. La figure de la terre, déterminée, comme nous venons de le dire, par les moyens précédens, doit être aussi considérée dans le sens de ses parallèles. Jusqu'à présent, on a regardé la terre comme un ellipsoïde de révolution; mais les observations ne sont pas assez précises sur ce sujet pour qu'on puisse établir la réalité de cette opinion. Il semblerait même que, d'après les recherches qu'ont commencées MM. Arago et Biot, elle ne serait pas tout-à-fait exacte : cependant elle s'écarte très peu de la vérité.

Les mesures précises des dimensions de la

---

le rayon de l'équateur (page suivante) étant 3271864, et le demi-petit axe 3261265, la différence 10599 divisée par le premier nombre , donne $\frac{10599}{3271864} = \frac{1}{30,65}$, ou sensiblement $\frac{1}{309}$ pour l'aplatissement. L'aplatissement déduit de la théorie lunaire diffère peu de celui-ci; il est $\frac{1}{305}$.

Cet aplatissement ne donnerait qu'une différence de 1 millimètre sur un sphéroïde dont le demi-grand axe aurait 310 millimères et le demi-petit axe 309 millimètres (11 p. 4 lig. $\frac{22}{100}$); on peut donc le négliger dans les constructions des globes destinés à la géographie.

terre, en lieues de 2280 toises, sont les suivantes :

	Lieues.		Toises.
Demi-diamètre de l'équateur..	1435	ou	3,271,864
Demi-diamètre du pôle.......	1430	ou	3,261,265
Demi-diamètre du point à 45°.	1432	ou	3,266,611
Aplatissement..............	4,65	ou	10,600
Longueur de 1° du méridien pris au milieu de l'espace qui sépare le pôle de l'équateur..	25	ou	57,000
Quart du méridien de Paris...	2250,3	ou	5,130,740

Le degré de l'arc du méridien, dont nous venons de donner la valeur, a été pris au milieu de l'espace qui sépare le pôle de l'équateur (1). Celui qui résulte de la mesure de l'arc du méridien qui traverse la France, depuis Dunkerque jusqu'à Barcelone, et qui a été prolongé jusqu'à l'île Formentera, évalué en mesures itinéraires de divers pays, donne les résultats suivans :

La lieue géographique de France est de 25 au

---

(1) Soit L la latitude d'un lieu, S le degré du méridien à cette latitude, on trouvera sa longueur en mètres par la relation

$$S = 111111^m,1111 - 540^m,848 \cos. 2 L.$$

En général la longueur des degrés croît de l'équateur au pôle, proportionnellement au carré du sinus de la latitude.

degré; la lieue marine est de 20 ou de 2850 toises; chaque lieue marine vaut 3 minutes de degré terrestre; ¹⁄₃ de lieue vaut un mille ou une minute de l'équateur, c'est le mille d'Angleterre et d'Italie; la lieue d'Espagne et de Hollande, le mille d'Allemagne, sont de 15; celui de Suède de 12; celui de Hongrie de 10; enfin, le werste de Russie est de 90 au degré.

Dans les dimensions que nous venons d'exposer, nous n'avons point parlé des inégalités qui existent à la surface de la terre. C'est qu'en effet, les plus hautes montagnes peuvent être considérées comme à peine sensibles, relativement à son volume considérable. Ainsi, le Mont-Blanc, la plus haute montagne d'Europe, qui a 2450 toises d'élévation verticale au-dessus de la mer; le Chimboraço, montagne du Pérou, 3351 toises de hauteur; le quatorzième pic de l'Himalaya, que l'on croyait le sommet le plus haut du globe, a de 4013 toises au-dessus du niveau de la mer; enfin, le Jawahir et le Dhawalagiri, qui sont également situés dans l'Himalaya, et dont M. de Humboldt a donné la hauteur dans un Mémoire qu'il a lu récemment à l'Académie des Sciences, et qui est pour le premier de 4026 toises, et pour le second de

4390 toises, malgré les aspérités qu'ils forment
à la surface du globe la déforment si peu qu'elle
peut être regardée comme infiniment plus unie
que la peau d'une orange.

La surface entière du globe terrestre est de
25,790,440 lieues carrées (environ 148 milliards
d'arpens, dont les trois quarts sont couverts par
la mer) : à peine la moitié du reste est-elle habitée
(à peu près trois millions de lieues carrées).

Pour déterminer la position d'un point sur une
surface quelconque, il faut nécessairement connaître la distance de ce point à deux lignes fixes ;
ces deux lignes peuvent être différemment disposées, et leur situation sur cette surface doit
être invariablement fixée ; mais au lieu de donner à ces deux lignes une inclinaison quelconque,
de manière à ce qu'elles forment un angle aigu
ou obtus, il est beaucoup plus commode qu'il
soit droit, parce qu'alors les constructions et le
calcul deviennent plus faciles. Aussi, le procédé
qui sert à fixer avec exactitude la position des
différens points de la surface terrestre est-il absolument le même que celui que nous avons indiqué pour connaître la position des astres. En
effet, il suffit de connaître le parallèle sur lequel
se trouve le point qu'on veut déterminer, et sa

position sur ce parallèle pour y arriver. Ainsi
soit (*fig.* 5) le point Q, dont on veut savoir la
position ; l'on obtiendra, par l'observation, le
parallèle en mesurant sa distance Q K à l'équateur, c'est-à-dire la latitude terrestre, qui est
égale, comme on sait, à la hauteur du pôle ;
tous les points situés sur le parallèle Q O R auront même latitude Q K. Les points de ce cercle sont les seuls qui jouissent de cette propriété.
Il y a seulement dans l'autre hémisphère un
cercle qui offre les mêmes circonstances ; il faudra donc indiquer si la latitude est boréale ou
australe.

La position du lieu sur le parallèle se trouve
en calculant la distance du point Q, au méridien
désigné ou premier méridien P O I P'. Par
exemple, l'arc d'équateur K I qui sert à la mesurer, constitue la longitude terrestre du point Q;
elle est orientale ou occidentale suivant la situation relative du lieu vers l'une ou l'autre de
ces régions. Tous les points qui diffèrent en longitude comptent au même instant des heures
différentes. Si, par exemple, un lieu de la terre
est séparé d'un autre par un intervalle de 15°
de longitude occidentale, le premier comptera
midi, tandis que l'autre n'aura que onze heures

du matin. Il ne serait que dix heures , si l'angle
des deux méridiens était de 30°; en général , le
retard est proportionnel à cet angle. Il est donc
bien facile, la différence des heures étant donnée,
de connaître la différence des longitudes de deux
points de la surface , et réciproquement; on ré-
duira, dans le premier cas, les heures en minutes , que l'on ajoutera avec les minutes que
l'on avait déjà, on mettra respectivement les
indices de degrés, minutes de degré, secondes
de degré, etc., aux minutes, secondes, tierces
que l'on avait, et, prenant le quart du tout, on
aura le résultat demandé. Si l'on sait, par exemple, qu'on compte au Caire 1^h 55′ 54″ de *moins*
qu'à Paris, on en conclura d'abord que la longitude du Caire est orientale, et qu'elle est égale
à 60′ + 55′ + 54″ = 115′ + 54″, qui, d'a-
près notre règle, deviennent en degrés $\frac{115° \ 54'}{4}$
= 28° 58′ 30″. La longitude eût été occidentale,
si l'on avait compté au Caire 1^h 55′ 54″ de *plus*
qu'à Paris. Il est évident que pour réduire des
degrés en temps, il faudrait faire l'opération
inverse, c'est-à-dire mettre respectivement les
indices de minutes de temps , secondes de temps,
tierces de temps à la place des indices de degrés,

minutes de degré, secondes de degré, et mul-
plier par 4 : ainsi, 47° 36′ 28″ devient 47′ 36″
28‴ qui, multipliés par 4, donnent 188′ 144″
112″, ou 3ʰ 10′ 25″ 52‴.

On voit donc généralement que des observateurs situés sous deux méridiens différens comptent au même instant des heures différentes, et
que la différence des longitudes est égale à celle
des heures converties en degrés de l'équateur. —
Il est facile d'imaginer comment on parvient à
obtenir cette différence d'heures ; il est d'abord
évident que si de deux lieux quelconques on
observait un phénomène céleste qui eût lieu en
même temps pour ces deux lieux, il suffirait,
pour avoir la différence des longitudes, de
prendre celle des heures comptées dans chacun
à ce même instant physique. Les éclipses de lune
ou de soleil, les *occultations* d'étoiles par la lune,
servent très bien à la détermination des longitudes. Dans l'impossibilité où nous sommes de
faire connaître toutes les méthodes employées
pour résoudre cet important problème des longitudes, nous nous bornerons à parler des *montres marines*, connues encore sous le nom de
garde-temps ou de *chronomètres*. Semblables aux

montres ordinaires, elles sont seulement travail-
lées avec un soin extrême et munies de compen-
sateur, de manière à ce qu'elles conservent dans
leur marche la plus grande régularité possible,
malgré les variations de la température et les
secousses inséparables d'un voyage de long cours.
On règle la montre au moment du départ, et si
elle marque 0^h. $0'$ $0''$ lorsqu'une certaine étoile
passe au méridien, quelque part qu'on la transporte ensuite, il en sera toujours de même en
supposant sa marche exacte; et lorsqu'elle mar-
quera 0^h $0'$ $0''$, on sera sûr que l'étoile dont il
s'agit passe au premier méridien. Il suffira donc
d'attendre que cette étoile passe au méridien du
lieu où l'on se trouve, et de voir l'heure que la
montre indique : ce sera la distance des deux
méridiens exprimée en temps, et on en déduira
celle des longitudes. Si, par exemple, la montre
marquait 4^h $32'$ $20''$ au moment où l'étoile désignée passe au méridien où l'on se trouve, on
raisonnerait ainsi : lorsque la montre marquait
0^h $0'$ $0''$ l'étoile désignée passait au *premier méridien*, il y a 4^h $32'$ $20''$ que ce passage a eu
lieu, donc on est à l'*occident* du premier méridien; mais dire que l'étoile a dépassé le premier
méridien de 4^h $32'$ $20''$, cela revient à dire qu'elle

s'est avancée de $\dfrac{272^\circ\ 20'}{4} = 68^\circ\ 5'$ vers l'occident; telle serait la longitude cherchée.

Nous avons supposé que le chronomètre sui-
vait exactement, malgré le transport, la marche
qu'il avait au lieu du départ, c'est que réellement
cette hypothèse s'éloigne peu de la vérité; en
effet les progrès de l'industrie moderne ont
amené cette fabrication à une perfection qu'on
n'aurait point osé espérer. Ce serait dépasser
les limites de cet ouvrage que d'examiner le
mécanisme curieux de ces admirables instrumens;
mais nous ne pouvons résister au désir de citer,
à l'appui de cette assertion, ce fragment de la
traduction des *Elémens de philosophie naturelle*
d'Arnott : « Qu'il soit permis à l'auteur de ce
« livre », dit-il page 92 du premier volume, « de
« faire part au lecteur du plaisir et de la surprise
« qu'il éprouva après une longue traversée de
« l'Amérique du sud en Asie. Son chronomètre
« de poche et ceux qui étaient à bord du navire an-
« noncèrent un matin qu'une langue de terre indi-
« quée sur la carte devait se trouver à cinquante
« milles à l'est du navire; qu'on juge du bonheur
« de l'équipage, lorsqu'une heure après, le brouil-
« lard du matin ayant disparu, la vigie donna le

« cri joyeux de : *Terre, terre, en avant, à nous,*
« confirmant ainsi la prédiction des chronomètres
« à un mille près, après une distance aussi énorme.
« Il est permis, sans doute, dans un tel moment
« de rester pénétré d'une profonde admiration
« pour le génie de l'homme. Que l'on compare les
« dangers de l'ancienne navigation avec la marche
« assurée de nos navires, et qu'on nie, s'il est
« possible, les immenses avantages de l'industrie
« moderne! Si la marche du petit instrument
« avait été le moins du monde altérée pendant cet
« espace de quelques mois, sa prédiction eût été
« plus nuisible qu'utile; mais, la nuit comme le
« jour, pendant le calme comme pendant la tem-
« pête, à la chaleur comme au froid, ses pulsa-
« tions se succédaient avec une uniformité imper-
« turbable, tenant, pour ainsi dire, un compte
« exact des mouvemens du ciel et de la terre, et,
« au milieu des vagues de l'océan, qui ne retien-
« nent point de traces, il marquait toujours la si-
« tuation exacte du navire dont le salut lui était
« confié, la distance qu'il avait parcourue et celle
« qu'il avait à parcourir. »

Le méridien auquel chaque astronome rapporte ses observations est entièrement arbitraire
et varie pour les différens peuples. Une ordon-

nance de Louis XIII avait établi que l'on choisi-
rait pour point de départ celui qui passe par l'île
de Fer, la plus occidentale des Canaries. Pendant
long-temps les divers peuples de l'Europe se
conformèrent à cette loi sage ; mais peu à peu,
cet usage se perdant, chaque peuple choisit pour
méridien celui qui passait par leur capitale. On
compte les longitudes, en Angleterre, à partir du
méridien de Greenwich; en France, on prit
celui qui passait par la ville de Paris.

Parallaxe et volume des astres.

Les premiers observateurs s'abandonnant entièrement aux illusions de leurs sens, sans soup-
çonner qu'il pouvaient être induits par eux en
erreur, épuisèrent tout leur esprit d'invention
pour donner l'explication des phénomènes célestes dans l'hypothèse de la rotation générale
du ciel; mais peu à peu, l'observation ayant
augmenté le nombre des faits à expliquer, et les
résultats obtenus d'avance par le calcul s'étant
trouvés fautifs par l'omission de quelques parti-
cularités dans les phénomènes célestes qui n'a-
vaient été reconnus que plus tard , la complica-
tion de ces faits et la difficulté de leur explication

firent naître des doutes dans l'esprit de quelques
philosophes anciens ; et comme la combinaison
des idées pour se rendre raison des mouvemens
célestes est très simple , on dut sans doute se de-
mander si , dans la supposition du mouvement
de la terre, les phénomènes célestes ne s'expli-
queraient pas plus facilement. La marche rapide
des comètes que l'on voit successivement s'approcher de la terre pour s'en éloigner ensuite de
la même manière, l'observation que quelques
corps célestes, que l'on croyait, comme les étoiles, attachés à des profondeurs égales à la con-
cavité du ciel, venaient quelquefois se placer
au-devant d'elles , et les dérobaient à nos regards
pendant quelques instans, en augmentant les doutes , poussèrent les esprits à la recherche des diverses distances des astres ; et la géométrie devint
entre les mains des hommes de génie un moyen
puissant pour y parvenir. Nous donnerons à nos
lecteurs une idée de la théorie mise en usage à
ce sujet , telle que M. Francœur l'a exposée dans
son *Uranographie.*

   « Soit S (*fig.* 6) le soleil , la lune ou une pla-
« nète; si deux spectateurs placés en O et en O′
« sous le même méridien E O O′ K observent
« cet astre à son arrivée dans ce plan , l'un le

« verra, suivant O S, et il lui paraîtra situé au
« point où la sphère céleste est rencontrée par
« O S prolongé; l'autre verra cet astre suivant
« O′ S. Ainsi, les observateurs le jugeront en un
« lieu différent du méridien céleste, et s'ils en
« mesurent les distances à leurs zéniths Z et Z′,
« ils auront les angles S O Z et S O′ Z‛, et par
« suite les supplémens S O C et S O′ C (1). D'un
« autre côté, les rayons terrestres O C et O′ C
« ont environ 1433 lieues de longueur. Si E est
« un point de l'équateur, E O et E O′ sont les la-
« titudes connues des points O et O′. La diffé-
« rence de ces latitudes est donc l'arc O O′, qui
« mesure l'angle O C O′.

« Il suit de là que nos deux observations simul-
« tanées font connaître les angles S O C et S O′C, et
« comme on connaît en outre le nombre de degrés
« de l'angle O C O′, et les côtés O C et O′ C, il
« est facile de trouver les autres parties du qua-
« drilatère O C O′ S. En effet, si l'on trace sur le
« papier un angle égal à la différence des lati-
« tudes ou à l'angle C, prenant ensuite des par-

---

(1) On appelle supplément d'un angle ou d'un arc,
celui qu'il faudrait ajouter pour compléter une demi-
circonférence ou 180°.

« ties égales O C et O′ C pour représenter le
« rayon terrestre, qu'on mène les lignes O S et
« O′ S, formant, avec O C et O′ C des angles
« égaux à ceux qu'on a obtenus ci-dessus, le point
« S où se croiseront les deux droites complétera
« le quadrilatère, et sera la représentation du lieu
« de l'astre. Les autres parties de cette figure se-
« ront donc connues, savoir :

« 1°. Les distances O S et O′ S, aux lieux
« d'observation ;

« 2°. L'angle O S O′ sous lequel un specta-
« teur, placé en S, verrait la distance O O′ de ces
« lieux ;

« 3°. L'angle O S C, qu'on nomme *parallaxe,*
« sous lequel on voit de S le rayon terrestre O C ;

« 4°. L'angle Z C S, qui est la distance de
« l'astre S au zénith, en supposant l'observateur
« O placé au centre de la terre. Les dimensions
« de notre globe sont nulles si on les compare à
« la distance des étoiles ; mais il n'en est pas de
« même du soleil, de la lune et des planètes. S
« étant une étoile, on peut remplacer la distance
« zénithale observée Z O S par l'angle Z C S,
« dont nous avons ici la grandeur ;

« 5°. Enfin, la diagonale S C, qui est la di-
« stance cherchée de l'astre au centre de la terre.

« On mesurera combien O C est contenu de fois
« dans S C. On aura par suite le nombre de lieues
« qui l'expriment en multipliant par 1433.

« Nous ne prétendons donner ici, dit M. Fran-
« cœur, qu'une idée de la doctrine des parallaxes.
« Ce procédé graphique se ressentirait trop de
« l'imperfection des instrumens et des défauts
« d'habileté du dessinateur, d'autant plus que,
« pour faciliter les explications, nous avons beau-
« coup exagéré les véritables angles dans la dis-
« position de la figure. En général, la parallaxe
« O S C est un si petit angle que notre construc-
« tion serait impraticable ; mais nous n'avons en
« vue que de faire concevoir la simple possibilité
« de mesurer la distance des corps célestes, en
« laissant aux géomètres le soin de la calculer
« avec rigueur.

« Admettons donc qu'on ait trouvé qu'un spec-
« tateur, placé dans le soleil, ne voit le rayon du
« disque apparent de la terre que sous un angle
« de 8″, 73. Une aussi petite parallaxe attestera
« combien doit être grande la distance de ces
« deux corps. Le calcul donne en effet, pour cette
« distance, 24096 rayons terrestres ou envi-
« ron 34 millions 500 mille lieues. Pour donner
« une idée de cet immense éloignement, nous

« ferons remarquer qu'un boulet de 24, chassé
« par 16 livres de poudre, parcourt au sortir du
« canon 420 toises par seconde, ce qui revient
« à 663 lieues par heure. Ce projectile, s'il con-
« servait cette vitesse, parcourrait donc 15,900
« lieues par jour, et cependant il lui faudrait en-
« viron 6 ans pour arriver au soleil.

« De la lune, un spectateur verrait le rayon de
« la terre sous un angle d'environ un degré, ce
« qui prouve que la lune est 400 fois plus proche
« de nous que le soleil; en effet, la distance lu-
« naire n'est que de 60 rayons terrestres. Si ces
« trois corps avaient leurs centres en ligne droite,
« comme cela arrive dans les éclipses totales, la
« distance de la terre à la lune devrait être pro-
« longée 400 fois plus loin pour atteindre le soleil.

« La distance et les parallaxes que nous ve-
« nons de donner varient avec le lieu des astres
« et celui que l'observateur occupe sur la terre;
« aussi il ne faut pas prendre les nombres ci-
« dessus comme absolument exacts. »

Le *diamètre apparent* d'un astre est le nombre
de degrés sous lequel nous le voyons. Pour le
mesurer, on se sert d'un micromètre composé
de deux fils parallèles, et d'un autre vertical;
on observe les momens précis où son bord vient

toucher ce fil tant à son entrée qu'à sa sortie.
L'intervalle de temps écoulé entre les deux instans, traduit en degrés suivant le parallèle où
l'on observe, donne le diamètre apparent. On
trouve par ce moyen que le diamètre du soleil
et celui de la lune sont à peu près égaux à 32'.

La propriété dont jouissent certains corps de
la nature, tels que le cristal de roche, de donner une double image des objets, a fourni à Rochon un moyen très ingénieux pour obtenir la
mesure rigoureuse du diamètre apparent des astres. Il consiste à introduire entre l'objectif d'une
lunette et son foyer un système de deux prismes
preparés convenablement, et placés de telle manière que l'un des bords de l'objet se trouve dans
le prolongement de l'axe optique. Maintenant,
si l'on dirige la lunette pourvue d'un semblable
appareil vers une planète quelconque, son image
sera doublée, et formera un certain angle plus
ou moins grand, suivant qu'on sera plus ou moins
éloigné du foyer; mais il y aura un point dans
lequel l'appareil prismatique étant rapproché
convenablement du foyer, les deux images se
confondront entre elles. Alors, connaissant la
distance du sommet de l'angle au foyer, la distance focale de l'instrument, on pourra con-

naître l'angle sous-tendu, et on aura le diamètre
apparent de l'objet, qui sera proportionnel à la
distance du sommet de l'angle au foyer, du moins
si l'angle est très petit. Pour arriver plus promptement à calculer le diamètre, on a une lunette
dans laquelle ce même appareil prismatique demeurant constamment, le tube qui le renferme
étant fendu dans le sens de la longueur afin qu'on
puisse le faire marcher à volonté, on dirige l'instrument vers un point de mire sphérique d'un
diamètre connu, et placé à une ditance également connue. On détermine la distance du cristal
au foyer, à l'endroit précis où les images se con-
fondent; on choisit ensuite d'autres mires d'un
diamètre différent, et en indiquant sur le tuyau
de la lunette l'endroit où s'opère la coïncidence
de leurs images, on obtient ainsi des graduations
susceptibles de donner la mesure des objets de
dimensions variables : tel est le micromètre de.
Rochon, dont l'usage, exempt d'inconvéniens
sensibles toutes les fois que les objets n'ont pas
de grossissemens très forts, a fourni à M. Arago,
qui l'a modifié depuis d'une manière heureuse,
le moyen d'obtenir avec la plus grande précision
le diamètre apparent des corps célestes.

La parallaxe d'un astre et son diamètre apparent connus, on parvient aisément à évaluer son volume ; il suffit d'établir une proportion entre l'angle sous lequel les rayons des deux astres qu'on veut comparer seraient à la même distance et leurs rayons eux-mêmes ; soit, par exemple, le rayon de la terre, vu du soleil sous un angle de 8″ 73, et celui du soleil, vu de la terre de 16′ ou 960″, on a cette proportion :

$$8″ \ 73 \ : \ 960″ \ :: \ \text{rayon terrestre : rayon solaire} = \frac{96000}{873} = 109,97 ;$$ d'où il suit que le rayon solaire est presque 110 fois celui de la terre.

Les volumes de deux sphères sont comme les cubes de leurs rayons ; le cube de 110 est de 1,331,000, donc le soleil est environ 1,300,000 fois plus gros que la terre. On trouve de même que le rayon de la lune n'est que les $\frac{1}{11}$ de celui de la terre, et que son volume n'est que la quarante-neuvième partie de celui de notre globe.

Rotation diurne de la terre.

Si les résultats que nous venons d'exposer, dus la plupart au progrès des connaissances physiques, furent inconnus aux anciens, cependant ils n'y furent point totalement étrangers, et l'on

est même quelquefois surpris de trouver une
précision à laquelle on eût été loin de s'attendre,
si l'on considère combien il leur fallut de pa-
tience et de réflexions pour y atteindre à l'aide
de leurs méthodes grossières. Quoi qu'il en soit,
on n'avait encore que des doutes sur les véritables mouvemens des corps célestes lorsque l'illustre Copernic parut, et ce fut sans contredit
lui le premier qui, déplaçant la terre du centre
des mouvemens célestes, l'assujettit aux lois sui-
vies par les autres planètes, en la faisant circuler autour du soleil, et détruisit ainsi cette or-
gueilleuse prétention de l'homme, qui considérait le séjour où il habitait comme celui sur lequel
le Créateur avait versé tous ses bienfaits, et lui
avait pour ainsi dire donné la souveraineté de
l'univers; étrange erreur que favorisaient encore
des croyances puisées dans des sources auxquelles on forçait les esprits d'ajouter une foi
aveugle. On a voulu contester à Copernic la
gloire de cette immortelle découverte; on a prétendu qu'elle avait déjà été reconnue par d'anciens observateurs. On a cité Pythagore, Empé-
docle et autres; mais les hommes sages savent
apprécier ce langage à sa juste valeur, et dédai-
gnent cette accusation banale de plagiat, que

l'on se plaît à faire peser sur tous les hommes
qui se rendent coupables d'une trop grande il-
lustration. Les preuves nombreuses fournies par
Copernic à l'appui de son opinion, la firent adopter à presque tous les astronomes qui lui succé-
dèrent : celles dont la fortifièrent Kepler, Galilée
et Newton en établirent pour toujours la vérité.

Examinons maintenant quels sont les phénomènes qui devront résulter de la rotation de la
terre sur son axe. Et d'abord d'où vient que
nous attribuons aux cieux le mouvement qui
nous entraîne nous-mêmes? L'expérience nous
offre journellement des exemples d'une semblable illusion. En effet, lorsque placés sur un
bateau qui descend un fleuve, nous jetons les
yeux sur le rivage, ne nous semble-t-il pas voir
les coteaux, les montagnes, les arbres emportés
loin de nous par un mouvement qui nous paraît
d'autant plus rapide que ces objets sont plus près
de nous? Le voyageur ne croit-il pas également
voir tous les objets qui se présentent à ses yeux
s'enfuir derrière la voiture qui l'emporte? et l'illusion devient pour lui d'autant plus forte que
la vitesse s'accroît davantage. Ces effets, et mille
autres qui leur ressemblent, sont dus à plusieurs
causes dont on trouve l'explication en examinant

les sensations qui nous affectent dans de semblables
circonstances. En effet, le mouvement qui nous
entraîne n'étant point le résultat de l'action vo-
lontaire de nos organes, et nos rapports avec les
objets voisins de nous ne changeant point, l'individu est affecté d'une manière tout-à-fait passive,
et il lui est impossible de trouver en lui-même
la cause du mouvement ; cela est tellement vrai
que, malgré la conviction intime où nous
sommes que nous nous abandonnons à une illusion trompeuse, nous ne pouvons nous empêcher
de croire au témoignage erroné de nos sens ; ce
sont ces mêmes circonstances qui se reproduisent
pour l'observateur situé à la surface de la terre.
Tous les objets qui l'environnent participant au
mouvement qu'il éprouve lui-même sans en avoir
conscience, il ne peut point l'observer ; il se per-
suade qu'il est en repos, il attribue un mouvement en sens contraire du mouvement réel aux
choses avec lesquelles ses relations changent ;
ceci nous explique pourquoi nous considérons
le cours des astres comme s'exécutant d'orient
en occident, tandis que, réellement, il se fait
d'occident en orient. L'observateur, accompa-
gnant le globe dans sa rotation, voit successivement les astres dont il s'approche de plus en plus

s'élever sur son horizon; ils doivent au contraire
lui paraître s'abaisser à mesure qu'il s'en éloigne,
et enfin se cacher à sa vue à cause de la figure
arrondie de notre planète, dont l'opacité empêche la transmission des rayons lumineux à
l'œil de l'observateur.

Avant de passer aux preuves directes et sans
réplique du mouvement de la terre, preuves que
nous tirerons des lois de l'attraction, des phénomènes connus sous le nom de stations et de rétrogradations des planètes, de l'aberration enfin,
jetons un coup d'œil sur les conséquences auxquelles conduirait son immobilité dans l'espace.
Nous avons reconnu précédemment que le soleil
était 1,300,000 fois plus gros que la terre, et à
une distance de 35,000,000 lieues; il faudrait
donc pour que cet astre pût accomplir en vingt-
quatre heures sa révolution diurne, qu'il par-
courût 2,500 lieues par seconde. Ce ne serait
rien encore en comparaison des étoiles qui n'ont
pas de parallaxe sensible, et dont on ne peut,
par conséquent, apprécier ni la distance ni le
volume. Elles devraient, en une seconde, parcourir des millions de lieues : comment oserait-
on concevoir une vitesse aussi immense? Si, au
contraire, nous admettons la réalité de la rotation

du globe, sa vitesse, bien qu'encore très considérable, ne nous offre rien d'aussi extraordinaire;
en effet, les différens points de l'équateur, qui
est le plus grand cercle de la terre, ne font que
9,000 lieues en 24 heures; ce qui donne 238
toises par seconde.

Puis comment raisonnablement penser que les
astres, répandus en si grand nombre dans la voûte
céleste, disséminés dans l'espace à des distances
si différentes, de volumes, de masses également
si variables, accomplissent leur révolution diurne
rigoureusement dans le même temps? Et quelles
autres probabilités ne pourrait-on pas alléguer
contre une semblable hypothèse, si l'on voulait
rechercher minutieusement toutes celles qui se
présenteraient contre elle?

Ce que nous venons de dire suffira sans doute
pour faire admettre au moins la très grande probabilité du mouvement de la terre; les preuves
dont nous l'appuierons plus tard dissiperont
tous les doutes à cet égard, ceux du moins qui
ne tiennent point à des croyances religieuses;
nous ne pouvons opposer à ceux-ci que le passage suivant de Gassendi. « Dieu s'est manifesté
« lui-même par deux lumières, l'une celle de la
« révélation, l'autre celle de la démonstration;

« les interprètes de la première sont les théolo-
« giens, ceux de la seconde les mathématiciens.
« Ce sont les derniers qu'il faut consulter sur les
« matières dont la connaissance est soumise à l'es-
« prit, comme, sur les points de foi, on doit con-
« sulter les premiers ; et comme on reprocherait
« aux mathématiciens de s'éloigner de ce qui est
« de leur ressort, s'ils prétendaient révoquer en
« doute, ou rejeter les articles de foi en vertu
« de quelques raisonnemens géométriques ; aussi
« doit-on convenir que les théologiens ne s'é-
« cartent pas moins des limites qui leur sont mar-
« quées, quand ils se hasardent à prononcer sur
« quelques points des sciences au-dessus de la
« portée de ceux qui ne sont pas versés dans la
« géométrie, en se fondant seulement sur quel-
« ques passages de l'Ecriture sainte, laquelle n'a
« prétendu nous rien apprendre là-dessus. »

Les résultats que nous avons obtenus précédemment, en examinant les phénomènes célestes de la surface de la terre, considérée
comme immobile, devront donc être rapportés à
son mouvement de rotation. Nous venons d'expliquer comment se produisent le lever et le coucher apparens des astres et des autres corps célestes : il ne sera donc pas difficile de se rendre

compte des autres circonstances qui se sont of-
fertes à nous en parlant du mouvement diurne.

Nous allons maintenant nous occuper de quelques faits qu'il nous est important de connaître,
et qui reposent également sur le système auquel
nous nous arrêterons désormais.

Puisque la terre tourne, elle doit, comme tous
les corps qui obéissent à un semblable mouvement
être douée d'une force centrifuge, qui, d'après
l'expérience et le calcul, croît comme les carrés
des vitesses de circulation. L'équateur étant le
plus grand cercle de la sphère terrestre, la force
centrifuge devra y être la plus considérable; elle
sera, au contraire, nulle sous le pôle; et comme
la force centrifuge varie avec les distances au
centre du globe, il s'ensuit que la force d'attraction agira sur les différens corps qui sont à sa
surface avec une intensité variable. Pour se convaincre de cette vérité, il suffit de promener un
pendule de l'équateur aux pôles, et comme le
nombre des oscillations augmente avec l'intensité
de la pesanteur, on a un moyen très simple de
mesurer la force d'attraction. Mais il y a deux
choses à considérer dans la différence des résultats qu'il fournit à cet égard : c'est, d'un côté,
l'éloignement des corps du centre d'attraction à

l'équateur, et en même temps l'augmentation de
la force centrifuge. Ces deux effets concourent
tous les deux à diminuer le poids des corps situés dans la région équatoriale. (1)

On s'est accordé jusqu'à présent à regarder
cette diminution comme de $\frac{1}{289}$, c'est-à-dire que
les corps perdent à l'équateur le 289ᵉ du poids
qu'ils ont au pôle, et comme 289 est précisément le carré de 17, il s'ensuit que si la rotation de la terre augmentait tout à coup de
dix-sept fois, la force centrifuge, croissant comme
le carré des vitesses, les corps cesseraient de peser à l'équateur; cependant, les travaux de
M. Freycinet, qui a entrepris un voyage autour
du monde afin d'étudier les divers effets de la pesanteur dans les différens lieux de la terre, ne
confirment point cette évaluation; ce célèbre
voyageur vient de lire à l'Académie des Sciences
un mémoire où il a émis les conclusions suivantes :

1°. L'aplatissement vers les pôles est réellement plus grand que ne le donnent les calculs
fondés sur la théorie, puisque cette dernière ne

_____

(1) La longueur du pendule est proportionnelle au
carré du sinus de la latitude.

donne que $\frac{1}{289}$ pour différence entre les diamètres de la terre à l'équateur et aux pôles, tandis que l'expérience a constamment donné $\frac{1}{181}$.

2°. L'aplatissement dans l'hémisphère sud ne diffère pas de celui qui existe dans l'hémisphère du nord.

3°. La terre n'est point un sphéroïde de révolution, puisqu'on trouve dans les mouvemens du pendule des différences très notables; d'où il suit nécessairement qu'il existe des irrégularités très sensibles dans la figure du globe.

4°. Que les irrégularités dont l'existence est prouvée d'une manière incontestable ne peuvent être appréciées exactement.

Ces recherches récentes rectifient, comme il est facile de le voir, plusieurs des opinions que nous avions émises plus haut.

La rotation de la terre a exercé aussi son influence sur sa constitution intime. Imaginons, en effet, un tube composé de deux branches, l'une dirigée dans le sens de l'axe de rotation, l'autre dans celui du rayon équatorial qu'elle représente; si on remplit de liquide le siphon ouvert à ses deux extrémités, et qu'on le soumette à l'action d'une force centrifuge s'exerçant comme sur la terre, la colonne polaire, obéissant à l'action seule de la gravité, tandis que la colonne équatoriale sera soumise en outre à la force centrifuge ; pour que l'équilibre s'établisse dans les deux branches du siphon, celui de la colonne polaire devra baisser d'une quantité suffisante pour compenser la diminution de pesanteur de la colonne équatoriale ; or, les physiciens admettent assez généralement maintenant, pour l'explication de la sphéricité de la terre, qu'elle a dû être pendant un certain temps d'une consistance différente de celle où elle est actuellement. Il ne serait donc pas étonnant que l'effet dont nous venons de parler ait eu lieu, et que par suite la densité des diverses couches de la terre soit devenue différente. En effet, les mathématiciens ont prouvé qu'en considérant la densité du globe comme s'accroissant de la surface au centre, on arrivait à des résultats qui expliquaient la différence de pesanteur des corps dans les divers lieux de la terre.

Le mouvement de rotation de la terre donne lieu à un effet très remarquable sur lequel nous devons nous arrêter un moment. Lorsqu'on abandonne un corps à l'action de la gravité, il tombe sensiblement suivant une direction verticale, si le point de départ n'est pas fort élevé au-dessus

de la surface terrestre ; mais si ce corps était porté
au sommet d'un édifice très élevé, n'est-il pas
évident que sa vitesse de rotation augmente-
rait à mesure qu'on s'élèverait dans l'édifice,
pnisque les parties de l'espace où il serait successivement situé seraient de plus en plus éloignées
de l'axe de rotation ? Il aurait donc acquis au
sommet une vitesse horizontale plus grande que
celle de la base de l'édifice. Or, cette vitesse
d'occident en orient, c'est-à-dire dans le sens
du mouvement de la terre, il la conserve lorsqu'on l'abandonne ensuite à lui-même, et soumis alors à l'action de deux forces, il suit leur
résultante et arrive à la terre en déviant vers l'o-
rient. L'expérience a démontré cette vérité d'une
manière convaincante : qu'on transporte en effet
un corps à 200 pieds de la surface de la terre,
et un autre corps seulement à 50, quoique les
distances soient peu considérables relativement
à l'étendue du diamètre de la terre, on trouvera
que le premier s'est écarté de la verticale et s'est
avancé vers l'orient de 3 à 4 lignes, tandis que
l'autre sera descendu par une ligne sensiblement
verticale.

Le dernier effet qui résulte du mouvement de
la terre sur son axe est le déplacement de l'air

7

atmosphérique qui l'environne, d'où résultent les *vents alisés*.

« Si le globe terrestre était en repos, et que le
« soleil dirigeât toujours ses rayons sur la même
« surface, la température de la colonne atmo-
« sphérique située au-dessus d'elle s'élèverait
« à un haut degré, et toutes les couches de cette
« colonne monteraient successivement comme
« l'huile à la surface de l'eau, ou comme la fu-
« mée au-dessus d'un foyer fortement échauffé,
« tandis que des courans d'air ou des vents se di-
« rigeraient constamment de toutes les parties in-
« férieures vers cette surface centrale. Mais la
« terre est continuellement en mouvement sur
« elle-même et autour du soleil; la région
« moyenne, la ceinture ou zone équatoriale peut
« donc être assimilée à la surface de l'hypothèse
« précédente; elle est le lieu sur lequel le soleil,
« depuis l'origine des temps, promène constam-
« ment ses rayons; il doit donc y avoir constam-
« ment, il y a donc toujours eu des courans
« vers cette zone, les uns dirigés de la partie
« australe, les autres de la partie boréale. Telle
« est la cause de ces vents du *commerce* ou vents
« *alisés*, sur l'influence desquels les marins comp-
« tent aussi sûrement que sur le retour périodi-

« que du soleil, dans la plupart des situations
« comprises entre les trentièmes degrés de lati-
« tude boréale ou australe.

« Ces vents, toutefois, ne paraissent point ra-
« ser la surface terrestre dans la direction des
« méridiens, c'est-à-dire ne paraissent point
« souffler directement du nord et du sud, comme
« cela a lieu très réellement : cela tient au mou-
« vement de rotation de la terre sur son axe ;
« mouvement qui, en s'opérant de l'ouest à l'est,
« donne aux vents du nord l'apparence d'un vent
« qui vient droit du nord-est, et au vent du sud
« celle d'un vent du sud-est. Ces apparences peu-
« vent assez facilement se comprendre par les
« faits suivans : Lorsque l'atmosphère est par-
« faitement calme, et qu'on est lancé au galop
« dans une plaine, il semble que le vent vous
« souffle avec une grande force dans la face. Si
« l'on galope vers l'est, et que le vent souffle
« directement du nord ou du sud, la double sen-
« sation qu'on éprouve se compose en une sen-
« sation résultante, et dans le premier cas le
« vent paraît souffler du nord-est, tandis que
« dans le second il semble venir du sud-est. Au-
« tre exemple : Faites tourner une sphère sur un
« axe vertical, et laissez rouler du pôle supé-

« rieur une petite balle, ou mieux encore, laissez
« couler du même point un petit filet d'eau ; la
« balle ou l'eau n'acquerront point immédiate-
« ment la vitesse du globe, mais ils tendront à
« descendre par la ligne la plus courte du pôle
« vers l'équateur de la sphère : cependant la
« trace laissée par le liquide à la surface de la
« sphère ne sera point un méridien, mais bien
« une ligne oblique qui, si elle était prolongée,
« ne passerait point par le pôle inférieur. C'est
« ainsi que la rotation de la terre donne aux vents
« alisés une direction vers l'ouest, et ce n'est
« point, comme on le dit quelquefois, parce que
« le soleil les entraîne qu'ils ont cette direction.

« On sait qu'à la limite où ils règnent, c'est-
« à-dire à trente degrés environ dans la direction
« australe et boréale, à partir du lieu occupé
« par le soleil, ces vents semblent venir presque
« directement de l'*est*, tandis qu'à mesure qu'on
« s'approche de la ligne centrale, ils frappent
« plus directement les navires dans le sens *nord-*
« *sud* ou *sud-nord*. Cet effet est dû à ce qu'en ar-
« rivant aux parallèles extrêmes, l'air froid en
« s'échauffant se dilate et s'élève avant d'avoir
« acquis la vitesse de rotation de la zone qu'il
« occupe ; il se meut avec moins de rapidité

« qu'elle, et les corps situés sur cette zone frap-
« pant l'air de l'ouest à l'est avec tout l'excès de
« leur vitesse, il résulte le même effet que si la
« terre étant immobile le vent d'*est* soufflait con-
« stamment sur ces corps. Cependant, à mesure
« que ces courans d'air cheminent, ils partici-
« pent de plus en plus de la vitesse de rotation du
« globe, qu'ils ont acquise enfin presque com-
« plétement lorsqu'ils arrivent à la ligne cen-
« trale ou milieu de la zone de 60 degrés; dès-
« lors le vent d'est se fait de moins en moins
« sentir, à mesure qu'on se rapproche de cette
« ligne, sur laquelle il devient beaucoup moins
« sensible. Tel serait à peu près un fluide versé
« sur une roue tournant horizontalement, et qui
« s'avancerait de plus en plus du centre vers la
« circonférence. Parvenu dans les points voisins
« de cette limite du cercle, il n'aurait point en-
« core acquis toute sa vitesse, mais la continuité
« de la rotation finirait par la lui communiquer
« complétement; ce fluide serait alors en mou-
« vement comme la circonférence, mais il serait
« en repos par rapport à elle. Il est bien en-
« tendu que nous ne faisons point entrer ici l'in-
« fluence de la force centrifuge.

« Pendant que l'air dense des contrées polaires

« se précipite vers l'équateur pour remplir le
« vide qui s'y forme, et donne ainsi naissance
« aux vents alisés, celui que l'action permanente
« du soleil a dilaté et élevé doit nécessairement
« former dans les régions supérieures de l'atmo-
« sphère un contre-courant qui va distribuer sa
« chaleur en se dirigeant en sens inverse du pre-
« mier : c'est ce qui a lieu en effet, et l'existence
« de ce phénomène, prévue d'abord par le rai-
« sonnement, a été prouvée depuis par l'obser-
« vation. Ainsi, l'on a reconnu que le sommet du
« pic de Ténériffe était constamment exposé à
« un vent violent, soufflant dans une direction
« contraire à celle des vents alisés qui soulèvent
« à ses pieds la surface de l'Océan. Ainsi, dans
« l'année 1812, la poussière volcanique lancée
« de l'île de Saint-Vincent passa en nuages
« épais au-dessus de la Barbade, au grand éton-
« nement de ses habitans, et alla tomber à plus
« de cent milles de distance, après avoir par-
« couru ce trajet en sens inverse des vents vio-
« lens auxquels les vaisseaux ne peuvent se sou-
« straire que par un long détour. Ainsi, dans le
« passage du cap de Bonne-Espérance à Sainte-
« Hélène, la lumière du soleil est souvent éclip-
« sée pendant plusieurs jours par une masse de

« nuages épais, qui se dirige vers le sud , à une
« grande hauteur dans l'atmosphère. Ces nuages
« ne sont autre chose que la vapeur d'eau qui
« s'est élevée sous l'équateur, avec l'air échauffé,
« et qui se condense de nouveau en se rappro-
« chant des régions plus froides de l'hémisphère
« austral.

  « En dehors des tropiques, où l'influence so-
« laire est beaucoup moins grande, les vents
« sont occasionnellement soumis à d'autres cau-
« ses , que malheureusement on ne connaît point
« encore parfaitement. Beaucoup moins réguliers
« dans les climats tempérés, on les appelle *vents*
« *variables* ; cependant on peut regarder comme
« une règle générale, et qui s'applique à ceux-ci
« aussi-bien qu'à ceux-là , ce que nous avons dit
« des vents alisés, notamment : que l'air en se
« mouvant des pôles austral ou boréal, où il
« était en repos, vers les régions équatoriales,
« doit produire les effets d'un vent d'*est* ou d'un
« vent dirigé en sens inverse du mouvement
« diurne, jusqu'à ce qu'il ait acquis la vitesse de
« la zone au-dessus de laquelle il souffle; et ré-
« ciproquement, que l'air échauffé dans les ré-
« gions équatoriales, et élevé vers les parties su -
« périeures de l'atmosphère, où il avait à peu

« près acquis une vitesse correspondante, doit,
« en retombant vers les pôles avec cet excès de
« vitesse de l'ouest à l'est, frapper les corps dans
« le même sens.

« Ces vents de l'ouest, dans un grand nombre
« de situations en dehors des tropiques, sont
« presque aussi réguliers que les vents de l'est
« dans la zone intertropicale ; ils n'auraient pas
« moins de droit que ceux-ci au nom de *vents du*
« *commerce*, tant ils abrégent la durée du pas-
« sage de New-York à Liverpool, comparée à
« celle du passage inverse, c'est-à-dire de Liver-
« pool à New-York. Ainsi, dans l'hémisphère bo-
« réal, le vent nord-vrai produit l'effet d'un vent
« du nord-est, et le vent sud-vrai devient un
« vent du sud-ouest, L'Angleterre est exposée à
« ces deux vents pendant trois cents jours de
« chaque année. On conçoit que les phénomènes
« doivent être inverses dans l'hémisphère aus-
« tral. » (Arnott, *Élémens de philosophie naturelle.*)

Mouvement annuel de la terre.

Outre le mouvement diurne que nous venons
de reconnaître, la terre en possède encore un
autre qui l'entraîne dans une orbite elliptique

autour du soleil, centre de notre système planétaire. Nous suivrons encore, pour arriver à
sa connaissance, les apparences que nos sens
nous font apercevoir.

De tous temps les peuples ont été frappés de
l'éloignement et du rapprochement alternatif du
soleil et des variations de sa hauteur suivant
les saisons : si, en effet, on observe chaque jour
l'ascension droite et la déclinaison de cet astre,
on voit qu'elles ne sont jamais les mêmes; si
l'on compare sa marche à celle d'une étoile quelconque, on voit que, relativement à l'astre, il
s'avance d'environ 1° vers l'orient; or 1°, ainsi
que nous l'avons vu, répond à 4' de temps, il
arrive donc 4' plus tard dans le plan du méridien que l'astre pris pour terme de comparaison;
ces 4' s'accumulant, il en résulte qu'après 90
jours, la distance à la même étoile sera de
90° ou de six heures environ; après 180 jours
l'étoile et le soleil seront dans le plan du méridien; mais celui-ci passera, par exemple, au
méridien inférieur, tandis que le premier sera
au méridien supérieur; enfin, après 365 jours $\frac{1}{4}$,
c'est-à-dire une année, les deux astres se retrouveront, en même temps, dans le plan du même
méridien, l'étoile ayant passé par ce plan une

fois de plus que le soleil, et les mêmes changemens de relation se renouvelleront l'année suivante. Si l'on a eu soin de tracer chaque jour sur
une sphère les divers points auxquels se trouvait
le soleil à une même heure, on aura ainsi une
ligne courbe qui sera la trace des mouvemens
qu'il aura exécutés pendant une année entière.

L'observation a appris que cette courbe, à
laquelle on a donné le nom d'*écliptique*, parce
que la lune se trouve toujours dans son plan,
ou près de son plan, lorsqu'elle est éclipsée, passait par le centre de la terre; sa direction est
oblique à l'équateur, et l'angle qu'elle fait avec
ce grand cercle est égal à 23° 28'. Cet angle
constitue l'*obliquité de l'écliptique*; il a pour complément la distance du point le plus élevé de
cette courbe au pôle, et qui est égale à 66° 32'.
Le grand cercle de la sphère céleste qui correspond à la trace de l'écliptique sur la terre a reçu
également ce même nom. Nous avons déjà vu,
page 30, que la position des astres ou des différens points du ciel se rapportaient, soit à l'horizon et au méridien, qui sont fixes pour chaque
lieu terrestre, soit à l'équateur céleste et à un
cercle horaire désigné, ce qui constituait la méthode des déclinaisons et des ascensions droites.

Or, une troisième méthode, que nous ne pouvions alors faire connaître, est d'un usage continuel en astronomie. Une grande partie des phénomènes célestes relatifs à notre système planétaire se passent sur le plan de l'écliptique; il était donc nécessaire d'y rapporter aussi les astres. Pour cela, on conçoit par chaque point du ciel un grand cercle perpendiculaire au plan de l'écliptique; c'est ce que l'on nomme le cercle de latitude. Alors la position d'un astre se détermine par deux élémens : le premier est l'arc de grand cercle, compris entre l'écliptique et l'astre, cet arc s'appelle la latitude de l'astre; le second est l'arc de l'écliptique, compris depuis l'équinoxe du printemps jusqu'au cercle de latitude; cet arc se compte, comme l'ascension droite, d'occident en orient, dans le sens du mouvement propre du soleil, et on le nomme la *longitude* de l'astre. On n'observe pas immédiatement la longitude et la latitude des astres, mais on les déduit par des calculs trigonométriques de l'ascension droite et de la déclinaison.

Les différentes positions du soleil sur les divers points de l'écliptique expliquent la différence des saisons et de la longueur des jours. Lorsqu'il est dans le plan de l'équateur, il le décrit en vingt-

quatre heures ; mais à mesure qu'il s'éloigne
de ce plan, et qu'il monte, par exemple, dans
l'hémisphère boréal, il décrit une série de parallèles qui vont chaque jour en diminuant jusqu'à
ce qu'il soit arrivé à sa plus grande hauteur au-
dessus de l'équateur, qui est, comme nous l'avons
dit plus haut, de 23° 28'. Le parallèle qu'il décrit a reçu le nom de *tropique*, du mot τροπη,
qui veut dire *retour*, parce qu'une fois sa révolution autour de lui accomplie, il commence à
retourner en descendant vers l'équateur, le dépasse, et, parvenu au point le plus bas au-dessous de ce plan dans l'hémisphère opposé, il revient ensuite de nouveau vers l'équateur, en
reproduisant ainsi chaque année les circonstances de l'année précédente. Il est évident
qu'à cause du mouvement continuel du soleil
dans l'écliptique, les parallèles qu'il décrit
chaque jour ne sont pas de vrais cercles, mais
des espèces de spirales telles que seraient les
courbes formées par un fil dont on entourerait
une sphère.

Soit (*fig.* 7) E E' l'équateur, g G' les points les
plus élevés de l'écliptique auxquels on donne le
nom de *solstices*, parce que le soleil semble s'arrêter en cet endroit, les parallèles gg' GG' seront

les cercles dits *tropiques*. Lorsque le soleil sera à
l'un ou à l'autre solstice, les nations qui en sont
voisines seront en *été*; elles seront, au contraire,
en *hiver* lorsqu'elles en seront le plus éloignées.
De même, pour les jours, le plus long sera celui
pendant lequel le soleil sera au *solstice d'été ;* le
plus court sera, au contraire, celui où il atteindra le *solstice d'hiver.*

L'époque des *équinoxes*, pendant laquelle les
jours et les nuits sont égaux, a lieu toutes les fois
que le soleil vient se placer dans le plan de l'é-
quateur : cette rencontre arrive deux fois par
an, et détermine pour nous le printemps lorsque
le soleil monte vers l'hémisphère boréal ; et
l'automne, lorsqu'il redescend dans celui qui est
opposé.

Telles sont les diverses apparences que le
soleil nous présente successivement pendant le
trajet qu'il accomplit pour revenir au point d'où
il était parti, et qui forme ce que l'on appelle
une année. Mais devons-nous pour cela attribuer
au soleil lui-même les mouvemens que nous
avons reconnus? Nous nous sommes déjà convaincus qu'il ne fallait pas toujours se fier au
témoignage des sens ; et d'ailleurs, si nous rai-
sonnons d'après les principes que nous avons

8

employés au sujet de la rotation de la terre sur elle-même, nous serons bientôt persuadés que ce serait hasarder une supposition trop peu probable que de regarder comme réel un mouvement apparent. Il faudrait en effet que le soleil fût animé d'une vitesse si effrayante, qu'il est beaucoup plus simple de penser que la terre elle-même parcourt l'orbite dont nous avons parlé plus haut; et le calcul donne à peu près pour son mouvement de translation 410 lieues pour l'espace décrit pendant une minute, ce qui revient à six lieues trois quarts par seconde. Cette vitesse n'a rien qui doive surprendre; car plus tard l'observation des phénomènes que présentent les planètes nous en fournira de semblables, nous verrons également que, semblables à notre globe pour la forme, elles sont douées comme lui d'un double mouvement de translation dans l'espace et de rotation sur leur axe.

Le temps que la terre met à parcourir la circonférence de l'écliptique d'occident en orient est de 365 jours $\frac{1}{4}$; elle accomplit pendant ce temps 365 révolutions $\frac{1}{4}$ sur son axe. Celui-ci demeure constamment parallèle à celui du monde, et fait avec l'écliptique un angle constant de 66° 32′.

Si l'on considère (*fig.* 6) l'arc O O' comme
un arc d'écliptique décrit par le centre de la
terre, C étant le centre du soleil, on pourra réduire l'astre S qui paraît être en I' pour l'observateur placé en O au point Q, où cet astre serait
vu du centre C du soleil. O S C, ou l'angle sous
lequel de S on verrait le rayon de l'écliptique,
se nomme la parallaxe annuelle ou de l'orbe terrestre. Lorsqu'on possède d'une manière très
exacte la connaissance de cette parallaxe, on
obtient ainsi une base bien plus étendue que
celle du rayon terrestre, parce qu'alors, connaissant le rayon de l'écliptique, on le prend
pour unité. C'est à l'aide de ce procédé qu'on
a calculé les distances précises des planètes au
soleil.

Le demi-diamètre de l'écliptique a environ
35 millions de lieues ; il est tellement petit par
rapport à la distance infinie des étoiles, qu'en
le considérant comme la base d'un triangle dont
le sommet serait à l'astre, cet angle ou parallaxe
est inappréciable, même pour les étoiles qui
semblent, à raison de l'éclat de leur lumière,
être le plus rapprochées de nous, telles que
Sirius et la Lyre ; et ce qui ajoute encore à l'é-
tonnement, c'est que, à l'aide de cette méthode,

on est sûr de déterminer avec exactitude un angle
d'au moins 2″. On conclut de là que Sirius doit être
au moins à 3,566 milliards de lieues de nous. Que
doit-il donc en être pour les étoiles qui sont à peine
visibles? Si l'on suppose le spectateur placé dans
Sirius, l'angle sous lequel il verrait le soleil serait tout au plus d'un centième de seconde ; l'orbe
terrestre serait vu sous un angle d'à peine 4″, et
l'épaisseur d'une soie suffirait pour cacher notre
système planétaire entier, quoiqu'il soit vingt
fois plus long que l'écliptique.

Des saisons et des jours dans les divers lieux de la terre.

Les saisons, que nous avons considérées précédemment comme le résultat des déplacemens
du soleil dans une courbe dont le plan passait
par le centre de la terre, trouvent leur cause
dans l'inclinaison constante de l'axe de la terre
sur le plan de l'orbe annuel. Soit T (*fig.* 8) la
terre, S T le rayon qui joint le centre du soleil
et celui de la terre, et qu'on appelle *rayon vecteur,* celui-ci rencontrera la surface terrestre en
A. Tous les habitans situés dans ce parallèle auront successivement le soleil au zénith, et rece-
vront verticalement les rayons lumineux qui en

émanent à mesure qu'ils seront amenés à ce
point par l'effet de la rotation diurne : les habitans qui occupent cette région auront alors l'été.
Si le point A est le solstice de cette saison, le
parallèle décrit par la rotation de la terre sera
le tropique boréal ou du cancer, et, dans cette
situation de la terre, le plan P T S est perpendiculaire à celui de l'écliptique. Si maintenant,
par l'effet de son mouvement de translation, la
terre est parvenue à un point directement opposé en T', le rayon vecteur passant alors par
le point A', le parallèle A'B', qui, dans le cas
précédent, recevait les rayons les plus obliques,
les recevra à son tour verticalement, et les peuples de cette région auront à leur tour l'été,
tandis que ceux du tropique du cancer seront
en hiver. Le parallèle A'B', situé dans l'hémisphère austral, se nomme *tropique du capricorne;*
il est, comme le précédent, le parallèle le plus
éloigné auquel le soleil semble atteindre lorsque
nous croyons le voir décrire autour de la terre
l'orbite de l'écliptique. Le plan déterminé par la
rencontre du rayon vecteur et de l'axe est encore perpendiculaire à l'écliptique comme dans
le premier cas; mais l'angle S T P sous lequel se
rencontrent l'axe de la terre et le rayon vecteur,

qui dans la première situation était aigu, est devenu (S′ T′ P′) obtus en croissant à mesure que la terre procédait de T vers T′ ; dans la situation intermédiaire a′, il était droit ; de T′ il va décroissant sans cesse pour reprendre l'amplitude qu'il avait en T en passant par a où il est droit ; on peut résumer en peu de mots ce que nous venons d'expliquer.

	Angle des plans.	Angle formé par l'axe et le rayon vecteur.
Été, pour notre hémisphère...	Droit..........	Aigu.
Automne.......	Aigu...........	Droit.
Hiver.........	Droit.........	Obtus.
Printemps......	Aigu..........	Droit.

C'est lorsque le rayon vecteur est perpendiculaire à l'axe terrestre aux points t et t′ que le soleil, paraissant décrire l'équateur, on a pour toute la terre le jour égal à la nuit ; on est alors aux équinoxes, qui ont lieu deux fois dans l'année, au printemps et à l'automne.

Les espaces terrestres compris entre les tropiques ont reçu le nom de *zone torride*, parce que le soleil étant presque toujours à plomb, la chaleur y est excessive.

Les géographes ont encore distingué sur la terre deux autres petits cercles qui ont leurs analogues dans la sphère céleste : ce sont les *cercles*

polaires, dont l'un est boréal ou arctique, et
l'autre austral ou antarctique. Les régions comprises entre ces cercles et les pôles forment les
zones glaciales. Les pays intermédiaires entre
les tropiques et les cercles polaires sont situés
dans les zones dites *tempérées*.

Les habitans de l'équateur ayant les pôles
terrestres dans leur horizon, tous les parallèles
célestes, parcourus en apparence par les astres,
sont perpendiculaires à l'axe de rotation, et par-
tagés en deux parties égales; les jours sont constamment égaux aux nuits; le soleil passe deux
fois l'an au zénith, et il n'y a à proprement parler, dans ces régions, que deux hivers et deux
étés; les chaleurs excessives et les pluies abondantes rendent cette dernière saison la plus dé-
sagréable. Cependant il paraîtrait, d'après les
observations récentes recueillies par ces intré-
pides voyageurs qui depuis quelques années parcourent l'intérieur de l'Afrique, et y ont fait des
découvertes si intéressantes, que les zones tor-
rides ne sont pas exemptes d'un froid même très
considérable. Leurs relations nous apprennent
qu'il causa, par sa rigueur, la perte d'un de leurs
jeunes compagnons.

On conçoit facilement, d'après ce que nous

avons dit plus haut en parlant des différentes positions de l'observateur sur la sphère terrestre,
que plus le soleil s'éloignera de l'équateur, plus
les jours acquerront de longueur en été et de
brièveté en hiver. Enfin, lorsqu'il commencera
à entrer dans l'un ou l'autre hémisphère, leurs
régions polaires seront éclairées pendant six
mois consécutifs, et ce sera le contraire lorsqu'il
le quittera; elles resteront, pendant le même espace de temps, plongées dans une obscurité
profonde. Il n'y a, à bien dire, aux pôles
qu'un seul jour et qu'une seule nuit de même
durée. Les observateurs ont cependant signalé
plusieurs causes, qui, quoique rares, peuvent
diminuer un peu l'horreur d'une obscurité aussi
longue. En effet, par la constitution de l'atmosphère qui environne les régions polaires, les
moindres rayons lumineux sont réfractés (1) avec
une intensité plus considérable que partout ailleurs; il suffit, en outre, que la moindre portion
du disque solaire paraisse à l'horizon pour que
le jour se répande aussitôt. Ainsi, lorsque le so-

---

(1) On appelle réfraction le détour ou changement
de direction qu'éprouvent les rayons des corps lumineux en traversant obliquement des milieux différens.

leil est abaissé au-dessous de ce plan d'une quantité égale à peu près à son demi-diamètre, les
régions polaires sont encore éclairées. Le décroissement très rapide de la densité de l'air à de petites hauteurs, à cause de la congélation habi-
tuelle de la surface du sol, est encore une cause
qui doit tendre à produire des réfractions ex-
traordinaires; c'est ce que semblerait confirmer
la relation suivante de trois Hollandais. Étant parvenus au 84° degré de latitude boréale, et s'étant
trouvés pris par les glaces, ils furent obligés de
passer l'hiver dans la Nouvelle-Zemble. Après
trois mois d'une nuit continuelle, le froid étant
devenu extrêmement rigoureux, le soleil parut
un instant à midi sur l'horizon, quatorze jours
plus tôt qu'ils ne l'attendaient à cette latitude,
et il continua, depuis cette époque, à s'élever
de plus en plus. Si cette relation est véritable,
la réfraction qui a dû se produire a été pour le
moins égale à 4°, ce qui est énorme.

On sait aussi que les nuits profondes de ces
pays sont fréquemment interrompues par certaines clartés qui se produisent instantanément dans
le ciel, et que l'on nomme aurores boréales.

Des deux hémisphères, le boréal paraît être le
moins froid : la glace qui environne son pôle arc-

tique ne s'étend que jusqu'à 10° de distance en
latitude, tandis que celle du pôle antarctique se
prolonge à plus de 20°. Il s'en détache d'énormes
glaçons qui voyagent jusqu'au 65° et même au
55° degré, ce qui répond à peu près à la latitude de Boulogne et d'Abbeville, et le froid le
plus rigoureux règne dans des pays dont la latitude est à peu près celle de la France : telle est
la terre de Feu, qui, placée à l'extrémité de l'A-
mérique méridionale, est couverte de neiges
éternelles.

De la température de la terre.

Un des travaux les plus curieux du siècle dans
lequel nous vivons, et dont l'exécution est due à
M. de Humboldt, est la recherche des lois qui
semblent exister dans la distribution de tous les
êtres organisés sur la surface de la terre. Le célèbre voyageur que nous venons de citer, en mesurant les élévations des divers lieux de la terre
et des montagnes les plus hautes, relativement
au niveau de la mer, et en comparant toutes ces
mesures entre elles, a établi ainsi, d'une manière générale, les localités où les plantes semblaient se plaire : c'est ainsi qu'il a trouvé que
les quinquinas ne se rencontraient que dans une

zone dont il a déterminé l'élévation. Les mêmes
lois peuvent s'appliquer aux animaux, dont l'organisation, beaucoup plus parfaite, et les rapports immédiats avec les causes physiques, semblaient devoir les en écarter : c'est ainsi que
dans l'Amérique méridionale les observateurs ont
signalé, à ce qu'il paraît, sur le parallèle correspondant à la Nouvelle-Hollande, des animaux
dont l'organisation présente des analogies très
remarquables avec les échidnés qui existent dans
ce dernier pays, et qui sont, sans contredit, des
animaux dont l'organisation bizarre mérite particulièrement l'attention des zoologistes les plus
distingués. Il semblerait donc, d'après ces observations, que telles combinaisons d'organes, dans
l'un comme dans l'autre règne, ne pourraient se
reproduire que dans des lieux déterminés. Ces résultats si curieux ont conduit les physiciens à
rechercher la cause de ces phénomènes, et ils
ont regardé la différence de température dans
les diverses régions de la terre comme la cause la
plus probable de leur production, et en même
temps comme la plus importante.

Mais d'où vient cette température de notre
globe? Est-ce le soleil qui la développe? Quelques philosophes ont été de cet avis, et ils se

sont appuyés sur la régularité constante qu'on
observe dans les phénomènes de l'univers. Quelques faits cependant semblent indiquer que l'action prolongée du soleil n'est pas la seule cause
de la chaleur du globe; c'est un résultat de l'expérience qu'au fond des puits de cent pieds de
profondeur la température demeure uniforme et
invariable. On sait aussi que les glaces qui couvrent le sommet de certaines montagnes se fondent continuellement à leur base, et fournissent
des courans d'eau vive qui se montrent même
pendant l'hiver. La terre serait donc douée d'une
chaleur particulière indépendante de celle que
lui envoie le soleil. Quelques auteurs, en examinant les faits précédens, ont pensé en effet qu'à
une époque très reculée la terre était dans un
état d'incandescence, que peu à peu la surface
s'était refroidie et était parvenue à la température actuelle, et que le centre avait conservé une
plus grande chaleur, qu'ils ont nommée *chaleur*
centrale, et qui produisait les effets que nous
avons cités. Sans discuter la validité de l'hypothèse de l'embrasement de la terre, nous dirons
qu'il est extrémement probable qu'elle possède
par elle-même une chaleur qui est susceptible de
varier d'après des causes qui ne nous sont pas

encore bien connues. En effet, depuis que Gal-
vani et Volta, par leurs immortelles découvertes,
nous ont démontré qu'il ne pouvait exister deux
corps de nature différente sans qu'il y eût déve-
loppement d'électricité et de chaleur, qui pourrait penser que la terre, dans la composition de
laquelle entre une multitude de corps très différens, et étant parcourue par conséquent par des
courans électriques incessamment actifs, n'est
pas susceptible de posséder une chaleur propre?
Cependant c'est avec raison que chacun regarde
le soleil comme la source principale de la chaleur terrestre : celle-ci se dissipe insensiblement
en rayonnant dans l'espace, et d'autant plus rapidement que la température s'élève davantage ;
et comme il y a un certain équilibre entre la
chaleur qui vient annuellement du soleil et celle
qui se dissipe dans le même temps, la température de la terre doit paraître constante et dura-
ble. Tous les lieux du globe ne recevant pas la
même quantité de chaleur, en raison de leur situation différente et de l'obliquité sous laquelle
arrivent les rayons solaires, la température doit
être variable pour chacun d'eux. Les observations ont confirmé positivement ce résultat.
Ainsi on a vu qu'à certains endroits de la Sibérie,

9

la terre ne dégelait jamais, tandis qu'en Égypte
le thermomètre centigrade indiquait encore 22°
à plus de 200 pieds de profondeur. A Paris, qui
est intermédiaire entre ces deux climats, les
caves de l'Observatoire conservent constamment
la température de 12°. La température du globe
terrestre observée près de sa surface décroîtrait
donc de l'équateur aux pôles. Ces observations
ne sont pas encore assez précises pour qu'on puisse
déterminer la loi de ce décroissement. Nous ne
nous arrêterons point ici à reconnaître les causes
des différences de la température de chaque
lieu : elles sont extrêmement nombreuses, et
tiennent à une multitude de circonstances qui
font l'objet de *la physique* proprement dite, et
qu'on trouvera dans les traités de *géographie
physique*.

Nature de la courbe décrite par le mouvement annuel de la terre.

La courbe dans laquelle la terre accomplit
sa révolution annuelle n'est point, comme on
l'avait cru d'abord, un cercle : les démonstra-
tions mathématiques ont prouvé que c'était *une
ellipse* dont le soleil occupait un des foyers.

L'ellipse est une section conique qu'on obtient en coupant un cône droit par un plan qui
traverse obliquement ce cône, c'est-à-dire obliquement à sa base, et qui ne passe ni par cette
base ni par le sommet. On donne le nom de
grand axe à la droite A P (*fig.* 9), qui divise la
courbe en deux parties égales dans le sens de sa
plus grande longueur. Le centre est le point C,
milieu de A P, et le *petit axe* est la perpendiculaire G H au *grand axe* passant par ce centre ;
les foyers sont deux points S et F du grand
axe, également éloignés du centre; ils sont placés de manière que la somme des lignes S T et
F T, menés de chacun d'eux à l'un des points
de la courbe, est toujours la même, et égale
à la droite A P : on peut obtenir l'ellipse d'une
manière très simple, en prenant un fil égal à la
longeur du grand axe, et en le fixant aux deux
foyers par ses extrémités. Si maintenant, au
moyen d'un stylet qui maintienne les fils continuellement tendus, on trace sur une surface
horizontale le trajet que l'instrument peut décrire, on formera une courbe elliptique. La
distance F C, qui sépare le centre de l'un des
foyers, est l'*excentricité*. L'arc que la terre parcourt chaque jour sur cette courbe n'est point

le même : il est d'autant plus grand qu'elle est
plus près du soleil.

En vertu du déplacement que subit chaque
jour la terre, les positions auxquelles nous rap-
portons le soleil deviennent très différentes :
aussi, outre les changemens de déclinaison qui
amènent la différence des saisons, il en subit
encore d'autres relativement à son ascension
droite. Nous avons déjà reconnu plus haut que
chaque jour il s'éloignait d'un degré de l'étoile
avec laquelle il coïncidait la veille. Ces retards,
en s'accumulant chaque jour, deviennent à la fin
tellement sensibles, que les constellations qui
passaient au méridien avec lui y arrivent ensuite
bien avant, et le ciel paraît tout-à-fait changé.
Lorsqu'une étoile, que l'on avait cessé de voir
depuis quelque temps, vient à paraître à l'orient,
le matin, au milieu des lueurs crépusculaires,
c'est le *lever héliaque* de l'étoile. On dit que son
coucher est *héliaque* lorsqu'elle se couche une
heure après le soleil.

On a distingué les phénomènes qui arrivent
à l'instant du lever du soleil sous le nom de *cosmique*, et ceux du couchant sous celui d'*acronique*. Le lever et le coucher *cosmiques* ont lieu
le matin ; le lever et le coucher *acroniques* ont

lieu le soir. Une planète est dite *acronique* lorsqu'elle se lève au soleil couchant pour demeurer
visible la nuit entière. Comme les astres ne sont
en général visibles à la vue simple que lorsqu'ils
sont éloignés d'au moins 12 à 15 degrés du so--
leil, il s'ensuit que le lever cosmique précède
de 12 ou 15 jours environ le lever héliaque, et
que le coucher acronique suit le coucher héliaque de la même quantité.

Le lever héliaque des étoiles est remarquable :
il servait aux agriculteurs à fixer l'époque de
leurs travaux; mais la position des équinoxes
changeant peu à peu, il ne peut y avoir de
fixité.

Le temps que met la terre à parcourir la circonférence entière de son orbe elliptique est,
d'après les mesures les plus précises, de 365 jours
5 heures 48′ 51″. On appelle aussi cet intervalle
de temps *année tropique*, parce qu'elle est mesurée par les deux passages du soleil par le
même point de son orbite apparent, tels qu'un
équinoxe ou un solstice. Le point P (*fig.*9), où
la terre est le plus voisine du soleil, est le *périgée*
ou le périhélie; le point A, diamétralement opposé, est l'*apogée* ou l'aphélie. Les deux extrémités du grand axe A et P sont les *apsides*, et

on donne à la ligne qui les réunit le nom de *ligne des apsides.* Lorsque la terre est au périhélie, les peuples d'Europe ont l'hiver; ils ont, au contraire, l'été lorsqu'elle a atteint l'aphélie. Dans le langage que les astronomes ont adopté, ils se sont entièrement abandonnés aux apparences; ils ont considéré la terre comme fixée au centre de l'écliptique, et le soleil comme décrivant autour d'elle l'ellipse terrestre : ainsi ils ont dit que le soleil était au périgée au solstice d'hiver, à l'apogée au solstice d'été. Il sera facile, une fois l'explication des apparences donnée, de savoir ce qu'ils ont voulu réellement exprimer.

De la mesure du temps.

Maintenant que nous possédons toutes les données nécessaires pour mesurer la succession des phénomènes au moyen des diverses révolutions de notre planète, et des mouvemens apparens qui frappent nos yeux le plus sensiblement, nous allons signaler les divisions différentes du temps mises en usage par les peuples et par les astronomes.

Nous avons déjà indiqué ce qu'est le jour sidéral et les instrumens dont on se sert pour le

mesurer; nous avons reconnu son uniformité
constante, il n'en est pas de même pour celui
dont la marche apparente du soleil sert à déterminer la longueur, et qu'on appelle *jour vrai* ou
solaire. En effet, le mouvement apparent du soleil
est loin d'être uniforme, il n'avance point tous
les jours d'une même quantité sur l'écliptique ;
ce mouvement, tantôt accéléré et tantôt ralenti,
ne peut donc servir à mesurer la durée dans les
usages civils. On a dès-lors imaginé un soleil
factice, parcourant l'équateur d'un mouvement
uniforme, et s'avançant tous les jours vers l'o-
rient par l'effet de son mouvement propre, de
la quantité constante $59' 8'' \frac{1}{3}$. Il résulte de cette
hypothèse que l'arc de l'équateur qui passe par
un méridien dans le temps qui s'écoule entre
deux passages consécutifs de ce soleil au même
méridien, est de $360° 59' 8''$. Le temps que cet
arc met à passer par le même méridien est *le
jour moyen*.

Nous avons donc trois sortes de *temps :*

Le temps moyen constant et uniforme, puisqu'il est proportionnel aux espaces parcourus
uniformément par le soleil.

Le temps sidéral constant et uniforme aussi,
puisqu'il est proportionnel au mouvement de

rotation de la terre autour de son axe, qui est uniforme.

Le temps vrai, qui varie comme les mouvemens vrais du soleil.

Le jour sidéral est plus court que les jours moyen et vrai, et le jour vrai est quelquefois plus long, quelquefois plus court que le jour moyen ; cependant le temps moyen s'accorde avec le temps vrai, quatre fois par an. En prenant pour unité de temps le jour moyen, la durée du jour sidéral est de 23^h $56'$ $4''$, 0907, d'où il suit que l'accélération diurne des étoiles est exactement de $3'$ $55''$, 9093 par rapport au mouvement du soleil moyen.

On a ainsi un moyen commode de régler une montre ; dirigez une lunette vers une étoile à un instant quelconque, et remarquez l'heure que marque la montre lorsque l'astre passe au fil du réticule ; lorsque le lendemain l'astre se présentera au même point de la lunette qui aura dû rester immobile, la montre, si elle marche bien, devra marquer $3'55''$ ou sensiblement $4'$ de moins que la veille.

L'*équation du temps* est la différence qui existe entre le temps vrai et le temps moyen pour chaque jour.

Le besoin de connaître la différence entre la
temps vrai et le temps moyen de chaque jour
a conduit à inventer un mécanisme qui, adapté
aux horloges, suit régulièrement les variations
du mouvement du soleil. C'est à cette espèce
d'horloge que l'on a donné le nom *pendule à
équation;* elle se compose de deux aiguilles, dont
l'une marque le temps moyen ou uniforme,
tandis que l'autre indique le temps vrai ou apparent du soleil, et par conséquent le midi de
chaque jour solaire. Il est donc extrêment facile
d'apprécier la différence de chacun d'eux.

Du calendrier.

La distribution du temps, d'après certaines
périodes déterminées, est un résultat des progrès des observations astronomiques. Il est in-
dubitable que les premiers peuples commencèrent
d'abord à compter par jours ; dans la suite,
l'examen des phénomènes célestes ayant fait découvrir certaines périodes régulières dans les
mouvemens des astres, on dut évaluer le temps
d'après leur succession, et arriver ainsi, à mesure que les notions devenaient plus étendues, à
des combinaisons plus compliquées. Lorsqu'on
étudie les méthodes adoptées par les divers peu-

ples pour diviser et calculer le temps, on voit
qu'elles sont toutes fondées sur les mouvemens
des corps célestes les plus apparens, tels que le
soleil et la lune. Toutefois, il en est plusieurs que
l'on a considérées comme ne se rattachant à aucun phénomène naturel, et comme entièrement
arbitraires; mais il est plus probable d'admettre
que les bases sur lesquelles elles reposent ne nous
sont point parvenues, que de penser qu'elles ont
été le produit d'une conception purement imaginaire.

Le tableau sur lequel est indiquée la division
du temps, par jours, semaines, mois, saisons
et années, a reçu le nom de *calendrier,* dérivé
des *calendes romaines ;* la forme et la distribution
en sont extrêmement variables; la comparaison
de chacun de ceux employés par les différens
peuples est un des travaux les plus importans
pour obtenir des résultats positifs sur la chronologie : nous nous bornerons à indiquer les principaux.

D'après les citations de plusieurs auteurs, tels
que Géminus et Censorinus, qui ont beaucoup
écrit sur cette matière, l'année civile des Égyptiens et des Perses était composée de 365 jours ;
en sorte que, tous les quatre ans, elle retardait

d'un jour sur l'année solaire, et ce n'était qu'après
un intervalle de 1460 ans, qu'ils appelaient *période sothiaque* ou *grande année caniculaire*, que
les années civiles et solaires se retrouvaient d'accord. Les mois, au nombre de 12 chaque année,
étaient de 30 jours chacun; et pour compléter
l'année, ils ajoutaient 5 jours *epagomènes* ou
complémentaires. Les Cophtes font encore usage
aujourd'hui de ce calendrier, qui servit de mo-
dèle à celui de la république française, qui divi-
sait, comme on sait, le mois en 3 *décades* ou
semaines de 10 jours.

Le calendrier des Grecs fut peut-être celui
qui présenta les variations les plus nombreuses :
chez eux l'année, d'abord de 360 jours, se divi-
sait en 12 mois de 30 jours chacun; après deux
ans, période que l'on appelait *triétéride*, on in-
tercalait un mois de 30 jours, en sorte que l'on
avait alternativement une année de 360 jours et
une autre de 390. Cette manière de diviser le
temps, suivie jusque 600 ans environ avant
notre ère, présentait un grand nombre d'inconvéniens, qui devenaient plus sensibles à mesure
que les études astronomiques s'introduisaient
dans le pays. On consulta les oracles, qui déci-
dèrent que l'on devait régler l'année sur la marche

du soleil, et les mois et les jours sur celle de la
lune. Les observations ayant appris que ce dernier
astre accomplissait ses diverses phases en 29
jours $\frac{1}{2}$, on divisa en 2 parties inégales cette période de temps double, et on obtint 2 mois, l'un
de 30 jours, et l'autre de 29, qui commençaient
par la *néoménie* ou *nouvelle lune*. Cependant les
12 lunaisons ne formant que 354 jours, l'année
se trouvait en retard de 11 jours $\frac{1}{4}$ avec celle indiquée par le cours du soleil. Après 8 ans, l'excédant de l'année solaire produisait juste 90 jours,
dont on forma 3 mois intercalaires de 30 jours,
que l'on plaça aux troisième, cinquième et huitième année de cette période dite *octaétéride*. Il
y avait ainsi 3 années de 13 mois, ou de 384
jours, tandis que les autres n'en avaient que 354.
Dans cette manière de calculer le temps, les conditions de l'oracle n'avaient pas été remplies. On
se trouvait bien d'accord avec le cours du soleil
pour la composition de l'année, mais il n'en était
pas de même pour celle des mois, qui devaient
se trouver en rapport avec les retours de la lune
aux mêmes points du ciel. En effet, après une
octaétéride, il s'en fallait d'un jour et demi que cet
astre eût achevé sa dernière révolution. Après
deux octaétérides, ou une période de 16 ans,

on prit la résolution d'ajouter 3 jours complémentaires ou épagomènes, et on pensa avoir ainsi
satisfait aux décrets des dieux. Toutefois les
Athéniens, auxquels était due cette réforme,
sentirent bientôt qu'en voulant rendre les mois et
les jours d'accord avec la marche de la lune, les
années ne se trouvaient plus en rapport avec le
cours du soleil.

Meton, célèbre astronome athénien, entre-
prit de remédier à ces inconvéniens. Il imagina
une période ou un *cycle* de 19 ans, après lesquels les rapports des jours, des mois et des
années avec les retours de la lune et du soleil
aux mêmes points du ciel se trouvaient con-
servés. Dans cette période de 19 ans on comp-
tait 235 lunaisons, savoir : 228 à raison de
12 lunaisons par an, et 7 autres à cause des
11 jours dont chaque année solaire surpasse
l'année lunaire. Les 7 mois lunaires, dont 6
étaient de 30 jours chacun, et le septième de
29, se nommaient intercalaires ou *embolismi-
ques.* Cette découverte parut si belle aux Grecs,
qu'elle fut admise par presque tous les peuples
de ces contrées. On en exposa le calcul en lettres d'or dans les places publiques pour l'usage
de tous les citoyens : c'est de là que lui vient le

nom de *nombre d'or*. Une erreur légère s'était
glissée dans le calcul de Meton sur la durée de
la lunaison : il arriva qu'après 76 ans on se
trouva en avance d'un jour sur l'époque du retour de la nouvelle lune. Calippe, astronome
célèbre de l'époque, établit pour y remédier une
période de 4 cycles de Méton, formant 27,960
jours, qu'il réduisit à 27,959, en en retranchant
un au dernier cycle.

    Le calendrier arabe, suivi par tous les peu-
ples qui professent la religion mahométane, est
entièrement fondé sur le cours de la lune, et
les mois sont tellement distribués, que leur premier jour doit correspondre toujours à une nouvelle lune ou néoménie. Ces années de 354 et de
355 jours sont très vagues en ce qu'elles parcourent successivement, en rétrogradant, toutes les
saisons. Ces peuples ont une période de 30 ans
dans laquelle on compte 19 années de 354 jours,
et formées de 12 mois alternativement de 29 et
de 30 jours, et 11 autres de 355. Les dernières
sont les 2e, 5e, 7e, 10e, 13e, 16e, 18e, 21e, 24e,
26e, et 29e.

    Du reste, la manière de régler le temps adop-
tée par ces peuples se ressent de la barbarie dans
laquelle ils sont plongés depuis si long-temps.

En effet, la détermination du commencement de
leurs mois est si variable, qu'il est souvent impossible de trouver exactement sur notre calendrier
actuel le jour correspondant, et on n'en sera
plus surpris lorsqu'on saura qu'il suffit de la présence d'un nuage au-devant de la lune pour
que le commencement du mois soit retardé : ils
ne se fient toujours qu'aux apparences.

Nous arrivons maintenant au calendrier romain, d'où dérive celui dont nous faisons actuellement usage en Europe. Les connaissances
que nous possédons sur la méthode des Romains
dans la division du temps se réduisent à très
peu de chose jusqu'à l'époque où Jules César
opéra cette réforme si célèbre. On sait seulement
que sous Romulus l'année se composait de 10
mois, dont mars était le premier. Numa en
ajouta deux autres, dont l'un, nommé *février*,
fut placé à la fin de l'année, et l'autre, qui était
janvier, au commencement. Les communications
avec les Grecs apportèrent quelques changemens sous les décemvirs, qui transportèrent le
mois de février au second mois de l'année. Pendant le long espace de temps qui les sépare de
Jules César, les pontifes, qui avaient le droit de
régler le calendrier, opérèrent des changemens

qui ont ajouté encore à l'obscurité profonde qui
règne sur la chronologie de ces pays. Enfin parut
Jules César, maître et souverain pontife de Rome :
il résolut de fixer le calendrier romain. Il fit
venir à ce sujet un astronome égyptien, Sosi-
genès, de qui il apprit que l'année solaire était
composée de 365 jours un quart ; d'après cela il
établit que désormais l'année se composerait de
365 jours, et qu'au bout de quatre ans on en
ajouterait un sixième afin de tenir lieu de 6 heures négligées pendant 4 ans ; la dernière année
fut nommée *bissextile.* Quelques mois changèrent
de dénomination ; mais ils étaient toujours au
nombre de 12, de 30 et 31 jours chacun, excepté celui de *février,* qui en avait 28 ou 29,
suivant que l'année était ordinaire ou bissextile. Le premier jour du mois chez les Romains
se nommait *calendes ;* le 5 venaient les *nones ;*
le 13, les *ides.* En mars, mai, juillet et octobre,
les nones se trouvaient le 7, et les ides le 15.
Ils avaient une manière de compter toute particulière : ils allaient en rétrogradant ; ainsi, ils
disaient la veille avant les ides, le 3ᵉ, le 4ᵉ, le
5ᵉ jour avant les ides. Le nouveau calendrier appelé *julien,* du nom de son auteur, fut adopté
dans toute l'étendue de l'empire romain, et par

tous les chrétiens eux-mêmes, qui, afin de déterminer exactement l'époque de leur Pâque,
firent usage du cycle de Meton.

Cependant, la durée de l'année, fixée par
Jules César à 365 jours un quart, était trop
longue de 11 minutes et 9 secondes. Cette erreur, presque imperceptible pendant un court
intervalle de temps, produisait environ 1 jour
en 133 ans; en sorte que depuis la réforme de
César jusqu'en 1582, époque à laquelle eut lieu
la réforme du pape Grégoire XIII, les equi-
noxes avaient remonté au commencement des
mois où ils se trouvent, et celui du printemps
se rencontrait le 11 mars, au lieu de se trouver au 21 de ce mois, où le concile de Nicée
l'avait fixé en 325.

Grégoire, voulant remédier à ce dérangement, qui s'augmentait de plus en plus, d'après
l'avis des plus illustres astronomes, et surtout
de Clovius, publia une bulle dans laquelle il
prescrivait de retrancher de l'année 1582 les
10 jours d'erreur qui avaient été causés par
l'excès des 11 minutes de l'*année julienne* sur
l'année solaire, et prescrivit que l'on compterait
le 15 octobre lorsqu'on serait arrivé au 5. Voulant en outre empêcher le retour de semblables

erreurs, il arrêta que, dans l'espace de 400 ans,
on retrancherait 3 bissextiles : par conséquent
les années 1700 et 1800 n'ont pas été bissextiles; l'an 1900 ne le sera pas non plus, parce
1600 l'a été; mais 2000 le sera (1). Tel est le
calendrier grégorien, qui fut suivi, presque aussitôt la publication de la bulle, par tous les
peuples de la chrétienté. Il n'y eut que les prin-
ces protestans qui refusèrent d'abord de l'introduire dans leurs états; mais plus tard, en ayant
senti tous les avantages, ils ne s'y refusèrent
plus. Il n'y a actuellement en Europe que les
Russes et les chrétiens du rite grec qui aient
conservé l'année julienne, qui maintenant commence 12 jours après la nôtre.

Outre la subdivision de l'année en mois, ceux-ci
en présentent une autre que l'on a appelée *semaine*,
et qui se compose chez nous de 7 jours, qui sont
les *lundi*, *mardi*, *mercredi*, *jeudi*, *vendredi*, *sa-
medi* et *dimanche*, noms qui dérivent de ceux des
planètes ; ainsi le premier est le jour de la lune,
le second celui de Mars, le troisième celui de
Mercure, le quatrième celui de Jupiter, le cin-

_____

(1) En général, toutes les années dont le millésime
est divisible par 4, sont bissextiles.

quième celui de Vénus, le sixième celui de Saturne, et le dernier enfin, celui du soleil ou du Seigneur.

L'ordre des planètes dans les jours de la semaine venait de l'influence qu'on leur supposait sur les différentes heures du jour : le dimanche, au lever du soleil, la première heure était pour le soleil ; ensuite venaient Vénus, Mercure et la lune, qui étaient supposés au-dessous de lui ; puis Saturne, Jupiter et Mars, qui étaient au-dessus. Il arrivait aussi que le lendemain commençait par la lune, et voilà pourquoi le lundi fait suite au jour consacré au soleil. Il n'y eut guère que les Grecs qui refusèrent long-temps de diviser leur mois en semaines de 7 jours : elles étaient primitivement de 10 jours ou décades ; mais plus tard ils abandonnèrent cette manière de voir.

Dans la plupart des *almanachs*, il est encore question du *cycle solaire*, de l'*épacte*, etc. Nous allons donner une idée abrégée de la signification de ces mots.

On donne le nom de *cycle solaire* à une période de 28 ans, après laquelle le dimanche et les autres jours reviennent dans le même ordre et au même quantième des mois tant que les an-

nées sont bissextiles de 4 en 4 ans. Il y a donc
ainsi 28 calendriers différens, se succédant pour
chaque année du cycle. Le cycle solaire, ainsi
nommé parce qu'il était destiné à trouver le jour
du soleil ou le dimanche, a été inventé parce
que l'année civile ne contenant pas un nombre
exact de semaines, puisqu'elle en renferme 52 et
1 jour, les années suivantes ne commencent pas
par le même jour. Si toutes les années étaient
semblables, le cycle n'aurait besoin d'être que
de sept ans; mais, comme il y a une année bissextile tous les quatre ans, le cycle solaire ne
peut être accompli qu'il ne contienne sept années
bissextiles, afin que le jour excédant de chacune
de ces années étant retranché, on puisse venir à
une semaine complète. Si l'on veut trouver, par
exemple, à quelle année du cycle solaire répond
l'année 1825, on ajoute 9 à ce nombre, et on
divise la somme 1834 par 28, le quotient 65
sera le nombre des cycles écoulés, et le reste de
l'année du cycle répondant à 1825.

On appelle *lettres dominicales* les sept premières lettres de l'alphabet, que l'on place vis-
à-vis les jours du mois, et qui marquent successivement, pendant le cours du cycle solaire, les
dimanches de chaque année. De ces lettres la

première, A, marque toujours le 1er janvier,
B le 2, C le 3, ainsi de suite jusqu'au 7 indiqué
par G, et le 8 recommence par A. Il résulte de
là que, connaissant la lettre qui désigne le dimanche de cette année, elle sera la même pour
tous les autres. On conçoit aisément que l'année
suivante ne commençant plus par le même jour
de la semaine, la lettre A, qui est invariable,
désignera ce jour, et par suite le dimanche chan-
gera également de lettre.

La durée de l'année lunaire n'étant que de
354 jours, tandis que l'année solaire en a 365,
il y a à chaque année civile une différence de 11
jours, correspondant à la quantité de jours dont
la nouvelle lune est passée. Après 4 ans la nouvelle lune n'a été devancée que de 3 jours, parce
que trois fois onze font 33, qui composent une
lunaison entière et 3 jours. C'est ce nombre de
jours dont excède l'année solaire sur l'année lunaire que l'on a nommé *épacte*. Ce cycle des
épactes expire avec le cycle lunaire de 19 ans,
et recommence ensuite pendant le même temps.

Nous terminerons ce chapitre en donnant,
d'après M. Gauss, une formule pour calculer
l'époque de la fête de Pâques, qui détermine celle
de toutes les autres fêtes mobiles. En effet :

La Septuagésime est 63 jours avant Pâques.

La Quinquagésime, ou le Dimanche gras , 49 jours avant Pâques.

Les Cendres se trouvent le mercredi qui suit ce dimanche.

La Passion est 14 jours, et les Rameaux 7 jours avant Pâques.

La Quasimodo sept jours après.

L'Ascension est le jeudi 40e jour, et la Pente-côte le 50e jour après Pâques.

La Trinité est le 8e dimanche après Pâques, et le jeudi suivant se trouve la Fête-Dieu.

Pour trouver Pâques, divisez le nombre donné de l'année par 19, et appelez a le reste de la division;

Divisez le nombre donné de l'année par 4, et nommez b le reste de cette seconde division;

Divisez le même nombre donné par 7, et nommez c le reste de la troisième division;

Divisez (19 a + 23) par 30, et nommez d le reste de la quatrième division;

Divisez (2 b + 4 c + 6 d + 4) par 7, et nommez e le cinquième reste;

Le jour de Pâques sera le (22 + d + e) de mars, ou si cette quantité dépasse 31, ce sera le (d + e — 9) avril.

Cette formule ne peut servir que de 1800 à 1899.

Du Soleil ☉.

Le soleil, que l'on avait d'abord rangé au nombre des planètes, et qui maintenant est regardé comme une étoile occupant le centre de notre système planétaire, qu'il gouverne, nous apparaît sous la forme d'un disque arrondi et étincelant. Soumis aux lois du mouvement diurne de la terre, il décrit, comme tous les astres, qu'il efface par l'éclat de sa lumière, un cercle diurne dont l'étendue, très variable, détermine la durée du jour. Son abaissement au-dessous de l'horizon ne nous plonge point subitement dans une obscurité profonde; ses rayons lumineux, refractés dans les couches atmosphériques avant son lever et après son coucher, nous apportent cette faible lumière qui produit le crépuscule, et nous offrent cette succession de couleurs si remarquables par la variété des nuances les plus agréables.

Outre le mouvement diurne apparent du soleil, nous savons qu'il nous en présente un autre également apparent dans le plan de l'écliptique, résultant de la translation de la terre dans les divers points de son orbite annuelle. C'est à cette translation, qui fait varier la position du soleil par rapport à l'observateur, que l'on doit la différence de grandeur que cet astre nous offre lorsque nous sommes placés au périgée ou à l'apogée, phénomène commun à tous les objets qui sont à la surface de notre globe, et qui nous paraissent d'autant plus grands qu'ils sont plus voisins de nous.

Les calculs ont donné pour les variations de la distance du soleil à la terre les résultats suivans :

	Rayons terrest.	Lieues de 2280 toises.
Périgée...............	23,691	ou 33,925,512
Apogée................	24,501	ou 35,085,432
Moyenne	24,096	ou 34,505,472
Grand diamètre........	48,192	ou 69,010,944

Ainsi la plus grande distance surpasse la moyenne de 580,000 lieues, quantité très petite comparativement aux dimensions de l'orbe; on suppose ici le rayon terrestre égal à 1432 lieues.

Nous avons indiqué précédemment quel était le volume de cet astre; nous verrons plus bas que l'attraction nous permettra d'évaluer son poids.

Constitution physique du soleil.

Lorsqu'à l'aide de verres colorés propres à affaiblir l'éclat trop vif de la lumière solaire, on observe cet astre attentivement, on y aperçoit des taches noires d'une forme très irrégulière, qui semblent en mouvement sur sa surface. Chaque tache environnée d'une pénombre offre autour d'elle une bordure lumineuse, dont la lumière a plus d'éclat que celle du reste du soleil. Quelquefois on remarque d'abord des nuages étincelans situés à la circonférence du disque; les taches ne se montrent qu'ensuite : semblables d'abord à des lignes très déliées, elles augmentent peu à peu en grandeur, et finissent par disparaître en s'effaçant successivement; alors reparaît cette même bordure lumineuse que nous avions remarquée à l'autre extrémité. Ces taches sont extrêmement variables dans leur forme, leur nombre et leur position; quelquefois elles se cachent tout à coup, et sont remplacées par d'autres; quelquefois on en comptera jusqu'à 5o et plus, et l'année suivante à peine en apercevrat-on quelques unes. L'examen attentif de ces taches fit découvrir à Galilée qu'elles suivaient une route régulière et constante, et de là il con-

clut que ces taches adhérentes au globe solaire
étaient entraînées par un mouvement de rotation
qui s'exécutait en 25j 16′ 48″ autour d'un axe
incliné sur l'écliptique de 7° 19′ 23″. Lorsqu'on
ne tient pas compte du mouvement elliptique de
la terre, la durée de la rotation paraît d'un peu
plus de 27 jours.

Les changemens que nous apercevons dans les
taches solaires, dont quelques unes ont quatre
à cinq fois le diamètre de la terre, tiennent au
mouvement qui nous emporte autour de l'écliptique. Ainsi, par l'effet de cette translation, l'axe
de rotation se présente à nous dans des positions
successivement différentes par rapport à la terre,
et sous des inclinaisons également variables. Il
devra donc arriver certaines circonstances où
elles devront nous paraître décrire des lignes
droites : ce sera lorsque nous serons placés de
manière à ce que le plan mené par l'axe de rotation perpendiculairement à l'écliptique sera
perpendiculaire au rayon visuel mené de la terre
au centre du soleil; cette circonstance ne se re-
nouvelle que de six mois en six mois : alors nous
apercevons les pôles de rotation du soleil. Dans
toute autre position, les taches paraissent ovales,
leur convexité correspondant à l'hémisphère

austral lorsqu'on est voisin du boréal, et à l'hémisphère boréal lorsqu'on découvre le pôle austral. Toutes les taches peuvent être considérées
comme comprises dans l'étendue d'une zone qui
s'étend environ à 34° au-delà de l'équateur solaire. Cependant on en a vu aussi à 44° : leur
marche s'exécute toujours dans le même sens de
droite à gauche ou d'occident en orient.

De toutes ces observations, il s'ensuit que le
soleil tourne sur lui-même autour d'un axe incliné sur l'écliptique. Le plan mené perpendiculairement à cet axe par le centre du soleil se
nomme l'*équateur solaire*, et rencontre l'écliptique suivant une ligne droite qu'on appelle *ligne
des nœuds*.

Ces mêmes observations ont fait émettre sur
la nature du soleil plusieurs opinions que nous
allons indiquer. M. Laplace le considère comme
un corps en combustion duquel s'échappent par
intervalles, du fond de vastes volcans représentés
par les taches du soleil, des gaz incandescens
traversant tout notre système planétaire, pour
distribuer aux différens globes qui le composent
la chaleur et la lumière.

Cette opinion de l'auteur de la Mécanique
céleste ne paraît pas avoir obtenu l'assentiment

des astronomes. Celle d'Herschell a été mieux
accueillie ; cet observateur infatigable, qui passa
une grande partie de sa vie à examiner les phénomènes de la voûte céleste à l'aide de ses télescopes, doués de la puissance la plus forte
qu'on connût jusqu'alors, a pensé que le soleil a
la forme d'un noyau solide, environné d'une
atmosphère lumineuse qui s'ouvrait quelquefois
de manière à laisser pénétrer jusqu'au noyau
obscur. Cet auteur croit aussi qu'il existe à la
surface de cet astre de hautes montagnes dont
le sommet, s'élevant de temps en temps au-delà
de son atmosphère, se découvre à nous sous
l'apparence de taches noires. Cette dernière partie de l'opinion d'Herschell est une simple hypothèse qui ne repose sur aucune base ; mais la
présence d'une atmosphère lumineuse, qui avait
pour elle toutes les probabilités les plus favo-
rables du temps d'Herschell, est devenue beaucoup plus fondée depuis le fait rapporté à ce
sujet à l'Institut, par M. Arago, en 1824.

La manière dont il y arriva mérite d'être
citée. M. Fourrier avait constaté par ses expériences sur la polarisation (1) des rayons lumi-

_____

(1) Lorsque les molécules lumineuses traversent des

neux, que ceux qui s'échappaient d'une sphère
métallique rougie au feu jouissaient de cette
propriété, et qu'au contraire ceux qui émanaient
d'une sphère gazeuse incandescente en étaient
privés. M. Arago fit l'application de cette expérience à la lumière solaire, et ayant observé
qu'elle ne jouissait pas de la polarisation, admit
comme conséquence de ce résultat, que le milieu
d'où provenait la lumière solaire ne différait pas
sensiblement de celui des fluides élastiques, et
que par conséquent il y avait autour du soleil
une atmosphère incandescente.

---

corps cristallisés doués de la double réfraction, c'est-
à-dire tels qu'en regardant à travers leur épaisseur un
objet quelconque, chaque point de l'objet placé derrière ce cristal envoie deux images à l'œil, elles éprouvent autour de leur centre de gravité divers mouvemens dependans de la nature des forces que les particules du cristal exercent sur elles. Quelquefois l'effet
de ces forces se bornent à disposer toutes les molécules
d'un même rayon, parallèlement les unes aux autres,
de manière que leurs faces homologues soient tournées
vers le même côté de l'espace, C'est ce phénomène que
Malus a désigné sous le nom de *polarisation*, en assi-
milant l'effet des forces à celui d'un aimant qui tour-
nerait les pôles d'une série d'aiguilles magnétiques,
tous dans la même direction. (BIOT , *Physique.*)

Bouguer, ayant observé que la lumière du soleil était plus forte à son centre qu'à ses bords, avait pensé également que cet astre était environné d'une atmosphère lumineuse. Pour expliquer cet effet, il comparait cette atmosphère à celle qui environne la terre, en disant que les rayons lumineux, traversant une plus grande surface sur les bords qu'au centre, d'où elle nous provenait directement, son intensité devait être diminuée. Mais l'observation sur laquelle repose cette explication ne peut être adoptée, parce qu'en effet on n'a trouvé aucune différence sensible entre l'intensité de la lumière dans les divers points de sa surface.

On s'est encore servi, pour appuyer l'existence d'une atmosphère incandescente répandue autour du soleil, d'un phénomène qu'il nous présente quelquefois, et auquel on a donné le nom de *lumière zodiacale* : c'est une lueur blanchâtre assez rare pour laisser apercevoir les étoiles situées derrière elle, présentant l'aspect d'une lentille aplatie, placée obliquement sur l'horizon au-dessus duquel elle s'élève en s'amincissant successivement jusqu'à une hauteur très considérable, et que l'on aperçoit lorsque cet astre s'est caché au-dessous de l'horizon; on a re-

connu qu'elle l'accompagnait constamment, et
que, dans les éclipses, elle formait autour de lui
une chevelure lumineuse. Sa position dans le
plan de l'équateur solaire est cause qu'elle n'est
pas toujours visible ; en effet, cet équateur s'inclinant diversement, suivant les situations du
soleil dans le plan de l'écliptique, la lumière
zodiacale suit tous ses mouvemens, et devient
plus ou moins visible. Le moment le plus favorable pour l'observer se présente dans nos contrées à l'équinoxe du printemps, vers le mois de
février ou de mars ; en automne on la remarque
avant le lever du soleil ; au solstice d'été on
l'aperçoit matin et soir.

Une dernière opinion à éclaircir, c'est celle
qui partage les physiciens au sujet de la nature
de la lumière que nous envoie le globe solaire.
Deux hypothèses ont été émises sur ce sujet : les
uns, s'appuyant de l'autorité de Newton, admettent comme lui que le soleil et tous les corps lumineux ont la propriété de lancer autour d'eux
des particules d'une ténuité extrême et animées
d'une vitesse excessive, qui, arrivant jusqu'aux
planètes, y produisent le phénomène de la lumière ; tel est le *système de l'émission* ou *de transmission*. D'autres, au contraire, pensent que ce

phénomène dépend des vibrations imprimées à
un fluide appelé éther, répandu dans tous les
corps de la nature par une force qui réside dans
le soleil et dans tous les autres corps célestes lumineux par eux-mêmes. Ce système est celui des
ondulations ou des *vibrations*. Le premier, d'a-
bord adopté par tous les physiciens qui avaient
étudié les beaux travaux de Newton sur l'optique, laissa bientôt quelques doutes dans leur esprit. On se demandait comment un astre pouvait
envoyer continuellement des molécules lumineuses sans rien perdre de son éclat, sans que
son diamètre diminuât. On répondait à cela que
le diamètre du soleil étant d'environ 2000″, dont
chacune équivaut à 167 lieues, à la distance de
34,500,000 lieues, il venait chaque jour à diminuer de deux pieds, ce qui serait énorme pour
un corps d'un volume si considérable, la perte
serait de 122 toises par an, et de 160 lieues ou
une seconde environ après 3000 ans, diminution qu'il nous serait impossible d'apprécier. Tel
était l'état des esprits, lorsque de nouvelles re -
cherches sur la lumière, appuyant l'hypothèse
des ondulations, parvinrent en peu de temps à
un si haut degré de perfection, que tous les bons
esprits furent convaincus de sa vérité. Cette hy-

pothèse semble en effet réunir aujourd'hui pour
elle toutes les probabilités, et paraît bien plus
admissible depuis que les découvertes électro-
magnétiques ont fait apercevoir les rapports les
plus intimes entre la cause des phénomènes électriques et celle d'où dérive la production de la
lumière.

Quelle peut être la température des rayons
solaires? Telle est la question intéressante que
M. Pouillet, professeur de physique, chercha à
résoudre il y a quelques années. Le principe sur
lequel reposent ses expériences est le suivant :
Imaginons, dit-il, une sphère en glace, percée
à l'extérieur d'une ouverture qui permette de
faire pénétrer dans le centre un thermomètre
qui se maintiendra à o degré; supposons maintenant qu'on fasse pénétrer des rayons lumineux
jusqu'au thermomètre, il s'échauffera et mon-
tera d'une certaine quantité ; or, si l'on connaît
la distance du thermomètre au corps lumineux,
le rapport de l'ouverture par laquelle les rayons
lumineux ont pénétré avec celui de la circonférence entière de la sphère, et la quantité dont le
thermomètre est monté, on pourra calculer la
quantité de chaleur qui aura été envoyée par
le corps incandescent. Quelle que soit la di-

stance maintenant, pourvu qu'elle soit connue, il sera toujours facile d'arriver à déterminer la quantité de chaleur envoyée au moyen du thermomètre.

L'instrument dont l'auteur s'est servi est fondé sur ce principe : il trouva ainsi, en exposant son thermomètre maintenu à une température uniforme, à diverses époques de la journée, qu'il ne montait jamais au-delà de 7° et demi, et ne descendait jamais au-dessous de 6° ; la moyenne de ses résultats donne à peu près 1200° pour la température des rayons solaires.

De la Lune ☾.

L'éclat brillant de la lune, dans certaines circonstances, sa proximité de la terre, relativement aux autres corps de la voûte céleste, la succession si régulière des mouvemens auxquels elle est soumise, ont de tout temps attiré sur cet astre, considéré comme le soleil de la nuit, l'attention des habitans de notre globe. La lune tourne autour de la terre d'occident en orient. C'est des différentes époques de cette révolution que dépendent les phases, c'est-à-dire les différens aspects sous lesquels nous la voyons dans le cours d'une lunaison. En effet, soit

(*fig.* 13) T la terre, S le soleil, *l* la lune, il est
clair que cet astre sera dans cette première position complétement invisible, puisque la partie
éclairée est tout entière tournée du côté du soleil; on dit alors que la lune est nouvelle ; c'est
la néoménie. L'astre se lève et se couche pendant
que le soleil est sur l'horizon; après cinq jours
environ d'une semblable obscurité, on voit apparaître, peu après le coucher du soleil, un
simple filet lumineux qui, en s'agrandissant successivement, acquiert les jours suivans la forme
d'un croissant dont la convexité regarde toujours
le soleil; parvenu en *l'* la moitié de son disque
devient visible. L'astre passe au méridien vers
six heures du soir, c'est alors le *premier quartier*.
A partir de ce point, la partie éclairée augmente
de jour en jour, et la limite de cette partie nous
paraît sous la figure d'un arc d'ellipse, ayant sa
convexité tournée en sens inverse de ce qu'elle
était lors du passage de la nouvelle lune au premier quartier. Elle arrive enfin en *l''* présenter
le même hémisphère au soleil et à la terre ; elle
passe au méridien vers minuit : cette phase se
nomme la *pleine lune.* De *l''* en *l'''* , c'est-à-dire
pendant le passage de la pleine lune au dernier
quartier, la partie éclairée décroît comme elle

avait crû, et l'on n'aperçoit plus en l''' que la moitié de son disque. L'astre passe au méridien vers six heures du matin ; enfin, à partir de l'', la partie éclairée diminue sans cesse pour disparaître entièrement en l. Telles sont les diverses phases que la lune parcourt dans un espace de viugt-neuf jours et demi.

Lorsque la lune est pleine, elle est en *opposition* avec le soleil, ce que l'on désignera par le signe 8, et la longitude de ces deux astres, vus de notre globe, diffère de 180°. Quand elle est nouvelle, ils sont en *conjonction*, et la différence en longitude est nulle. Ces deux positions prennent le nom de *syzygies*. C'est dans les *conjonctions* que sont produites les *éclipses de soleil ;* les *éclipses de lune* ont lieu dans les *oppositions*, et s'il n'y a point toujours éclipse aux syzygies, c'est que, comme nous le verrons bientôt, l'orbe de la lune n'est point dans le même plan que l'écliptique, ce qui fait que les rayons du soleil peuvent très souvent nous parvenir dans les conjonctions sans être interceptés par la lune ; de même que dans les oppositions , ils peuvent arriver à la lune sans rencontrer la terre. Enfin, lorsque la lune est à son premier ou à son dernier quartier, ces positions prennent le nom de *quadrature* Les points intermédiaires entre les syzygies et les quadratures ont aussi reçu la dénomination particulière d'*octans*.

Ces observations suffisent pour démontrer que la lune n'est point, comme le soleil, un astre lumineux par lui-même, et que l'éclat dont elle jouit est emprunté entièrement du soleil.

Mouvement elliptique de la lune.

Dans sa révolution autour de notre globe, la lune est sujette à des changemens de distance très considérables ; l'instrument dont on se sert pour mesurer son diamètre apparent est, comme nous l'avons indiqué précédemment, le micromètre à double fil. On y parvient encore en calculant le temps qui s'écoule entre l'*immersion* et l'*émersion* des étoiles devant lesquelles elle passe. On trouve à l'aide de ces moyens, que le plus grand diamètre apparent de la lune est de 33'516, et que le plus petit est de 29',365, variations très considérables, si l'on considère qu'elles ne sont pour le soleil que de 32',593 à 31',516 ; il suit de là qu'il arrivera des instans dans lesquels le diamètre apparent de la lune sera plus grand que celui du soleil, et dans d'autres il sera au contraire moindre que le plus petit de ce dernier

12

astre. Les calculs de la parallaxe horizontale ou de l'angle sous lequel on verrait de la lune un rayon mené du centre de la terre à l'observateur qui a l'astre dans son horizon, confirment encore ces variations de distance : de plus, ils nous apprennent que cette parallaxe varie suivant les diverses positions de l'observateur, variations qui dépendent de l'éloignement plus ou moins grand de l'observateur au centre de la terre, et qui nous conduisent à une conséquence où nous étions arrivés déjà par d'autres moyens, c'est que la terre n'est point un corps exactement sphérique. Aussi les astronomes, pour arriver à un calcul précis, ont-ils soin de tenir compte de la différence des rayons terrestres, d'où résulte celle des positions apparentes de la lune, et de supposer à la terre une figure elliptique.

La distance moyenne de la lune à la terre, obtenue par le calcul, donne environ 60 rayons terrestres ou 85,928 lieues; quantité qui équivaut à la 402e partie de la distance solaire. Le diamètre de la lune est de 781 lieues, ou les $\frac{2}{11}$ de celui de la terre ; sa surface est de 1,934,000 lieues carrées, ou les $\frac{2}{40}$ de celle de notre globe. Son volume est le 49e de celui de la terre.

En vertu de son mouvement propre d'occi-

dent en orient, la lune décrit une courbe dont
la détermination a long-temps embarrassé les astronomes, et que l'on est enfin parvenu à connaître, à l'aide des calculs, en appréciant,
d'après la théorie, toutes les nombreuses irrégularités auxquelles est soumis le cours de cet
astre. Pour connaître la loi de ce mouvement,
il faut recourir à l'emploi du procédé que nous
avons exposé plus haut, et qui consiste à déterminer chaque jour la hauteur méridienne du
centre de la lune et son ascension droite : ces
données acquises, il est facile d'en déduire la
longitude et la latitude; on parvient également
ainsi à apprécier sa vitesse et la direction de son
mouvement.

On a trouvé, par ce moyen, que le mouvement de la lune s'accomplissait dans une courbe
elliptique dont la terre occupait un des foyers:
son rayon vecteur décrit autour de ce point des
aires à peu près proportionnelles au temps. Le
plan de cet orbe est incliné tantôt plus, tantôt
moins, mais dans des limites de variations peu
étendues sur celui de l'écliptique. La moyenne
est de 5° 8′ 49″; ces deux plans se coupent suivant une droite qui contient les deux points où
la lune traverse le plan de l'écliptique, et qu'on

nomme les *nœuds :* l'un, *ascendant* ♌, est celui
par lequel la lune passe lorsqu'elle s'élève dans
la région supérieure, vers le pôle boréal; l'autre,
descendant ☋, est celui qu'elle traverse lorsqu'elle s'abaisse vers le pôle austral.

Si l'on observe bien attentivement l'instant
précis de l'opposition dans plusieurs éclipses de
lune, et qu'on divise le temps qui s'est écoulé
depuis la première observation par le nombre
de lunaisons qui ont eu lieu, on obtient pour résultat moyen l'intervalle de deux pleines lunes ou
néoménies consécutives, qu'on nomme *révolution
synodique, mois lunaire* ou *lunaison,* et dont la
valeur est de 29^j 12^h 44′ 2″. L'ellipse de la lune
n'est point fixe dans le ciel : elle suit continuellement les déplacemens de la terre dans son orbite annuelle, et, tandis que celle-ci la parcourt
une fois dans toute son étendue, celle-là a déjà
accompli treize révolutions et demi.

Le mouvement de la lune étant plus rapide
que celui du soleil, il s'ensuit qu'elle avance
chaque jour vers l'est. C'est à l'accumulation
successive de l'excès de ces vitesses relatives
qu'est dû le retour de la conjonction, après
vingt-neuf jours et demi ; pendant ce temps, la
lune a donc parcouru les 360 degrés de son or-

bite, plus l'arc décrit par le soleil depuis l'instant de la conjonction. On trouve aussi que la
lune s'écarte chaque jour de l'étoile qu'elle oc-
cultait d'un arc de 13° 10′ 35″. Le soleil ne s'a-
vançant chaque jour que d'un degré, la vitesse
de la lune est environ treize fois plus rapide que
celle de cet astre, et son retour au méridien re-
tardera chaque jour en temps, de 48′ 46″. Les
résultats que nous donnons ici sont les moyennes
dégagées de toutes les nombreuses irrégularités
qui dérangent le cours de la lune.

En supposant la terre fixe, la vitesse de la
lune sera de 14 lieues par minute; mais comme
cette vitesse se compose réellement avec celle
de la terre, puisque celle-ci entraîne la lune avec
elle, on reconnaît que la vitesse absolue du centre de cet astre se trouve être de 396 à 424 lieues
par minute, selon sa position.

Un fait incontestable, et qui repose sur l'observation la plus exacte, prouve que les nœuds
de la lune se meuvent vers l'occident, et parcourent ainsi l'écliptique en sens contraire du
mouvement apparent du soleil ou dans le sens
du mouvement diurne d'orient en occident. Chaque année, ils ont décrit environ 19° $\frac{1}{3}$; ce qui
fait 1° tous les 19 jours, ou 1° 28′ par mois lu-

naire périodique, ou enfin une révolution entière du ciel tous les dix-huit ans et demi; plus
exactement les nœuds rétrogradent de 19°3286
par an, et parcourent l'écliptique en 6788 jours
54019. On trouve aussi que le temps de la *révolution synodique du nœud* est de 346 jours
61963, c'est-à-dire qu'après cet intervalle de
temps le soleil se trouve au nœud de la lune.
Comme le soleil se meut en sens contraire du
nœud, ils se rejoignent un peu avant que cet
astre ait accompli le tour entier du ciel. Voilà
pourquoi cette durée est moindre que celle de
l'année. (*Uranographie de Francœur,* p. 84.)

Les notions que nous venons d'exposer sur le
mouvement elliptique de la lune sont celles qui
méritent d'être le plus généralement connues; si
en effet on voulait s'arrêter à toutes les compli-
cations qu'il présente, il faudrait entrer dans
des détails de calculs contraires au but que nous
nous proposons, et qui appartiennent aux traités
d'astronomie les plus complets. Plus tard, lorsque nous tâcherons de pénétrer la cause de ces
variations, nous les indiquerons d'une manière
générale.

Constitution physique de la lune.

Le télescope, dont l'invention si utile à l'astronomie nous a fait découvrir la rotation des corps planétaires sur leur axe, a été particulièrement employé par les observateurs qui ont dirigé leur attention vers la lune. Si l'on examine cet astre lorsqu'il n'est pas encore entièrement éclairé par le soleil, on distingue dans la partie obscure des points lumineux d'abord très petits, et qui s'agrandissent successivement à mesure que les rayons solaires arrivent plus directement sur la face lunaire correspondante au soleil. On aperçoit en même temps derrière ces parties brillantes, une ombre plus ou moins considérable, suivant la position de la lune, et qui tourne de manière à se trouver toujours en opposition avec le soleil. Ces apparences ont fait admettre que la lune était hérissée de montagnes dont la hauteur calculée au moyen de l'ombre projetée à leur base, a donné pour quelques unes plus d'une lieue, inégalités bien plus grandes que celles qui existent à la surface de la terre, relativement au diamètre des deux planètes.

Le sommet de ces montagnes étant éclairé plus tôt que leur base, nous offre l'apparence

des points brillans dont nous avons parlé. On
explique également, par la présence de ces inégalités, les dentelures que l'on remarque quelquefois sur les bords de la circonférence de la
lune; en effet, il est aisé de comprendre que
les rayons solaires venant frapper obliquement
les hautes montagnes de la lune, leur sommet
étant seul éclairé, se détachera de leur base, et
présentera ainsi à l'observateur tous les points
brillans que l'on découvre dans ces circonstances.

Le disque lunaire nous offre encore un spectacle différent : on a remarqué en effet que plusieurs portions de sa surface sont constamment
obscures dans quelques positions que ce soit ; on
a été conduit naturellement à les regarder comme
des cavités profondes. On avait d'abord pensé
que ces phénomènes provenaient de la présence
des mers ; mais d'autres observations ayant fait
conclure qu'il n'existait point d'atmosphère sensible autour de la lune, on a dû nécessairement
rejeter l'existence des liquides à sa surface, puisque c'est une loi physique démontrée par l'expérience, qu'il ne peut y avoir de liquides sans
qu'il y ait pression exercée à leur surface par une
matière quelconque ; car si la pression venait à
cesser, aussitôt chacun des corps liquides con-

tribuerait à former, en se vaporisant, une atmosphère. L'apparence, à des intervalles de
temps différens, sur la face obscure de la lune,
de points brillans par eux-mêmes, que l'on re-
gardait comme des éruptions volcaniques, avait
été donnée, par plusieurs auteurs, comme la
preuve incontestable de la présence d'une atmosphère autour de la lune. Mais cette preuve
ne peut être rigoureuse; car, d'une part, quoiqu'on ait cherché à appuyer la supposition de la
présence des volcans dans la lune, par une autre
supposition dans laquelle on admet que les pierres qui tombent du ciel, ou les *aérolithes*, sont
lancés par eux hors du centre d'attraction de la
lune, par une force qui n'a besoin que d'être
quadruple de celle de la poudre à canon, cependant ce n'est toujours qu'une simple hypothèse,
et d'une autre part, la chimie a constaté que la
présence de l'air atmosphérique ou de l'oxigène
qu'il contient n'est point une condition indispensable à la combustion, comme l'avait avancé
Lavoisier, puisqu'il existe des substances qui
entrent en ignition sans qu'il y ait un atome de
ce gaz.

L'absence d'une atmosphère autour de la lune
a fait regarder cette planète secondaire comme

entièrement dépourvue d'habitans ; mais peut-
être dans cette circonstance nous trompons-nous
encore : ce que nous pouvons seulement affirmer,
c'est que s'il en existe, les conditions d'existence
ne sont plus les mêmes que pour nous.

L'observation des taches de la lune devint
d'une si grande importance à une certaine époque, que l'on dressa aussitôt des cartes destinées
à en représenter les principales. On leur donna
à toutes les noms des plus grands philosophes et
des célèbres astronomes, tant anciens que modernes. Hevelius voulut les changer pour les
remplacer par d'autres noms géographiques ; mais
cette idée ne fut pas accueillie avec complai-
sance, et on conserva les anciennes dénominations.

On compte ordinairement 31 taches principales, savoir :

Dans la partie nord-est de la surface.

Platon,	Copernic,
Héraclite,	Eratosthène,
Aristarque,	Archimède,
Aratus,	Euxode et Aristote,
Kepler,	plus un volcan.

Dans le nord-ouest.

Dionis,	Ménélas,
Manilius,	Cléomède,
Pline,	Messala et Hermès.

Dans le sud-est du disque lunaire.

Schikard,	Grimaldi,
Tycho-Brahé,	Laënsberg,
Gassendi,	Ptolémée et Galilée.

Dans le sud-ouest.

Snellius,	Cyrillus,
Fracastor,	Albategnius,
Pétaud,	Langrenus.

Par l'effet de son mouvement circulaire, la lune présente successivement les divers points de sa surface au soleil; mais, au lieu de tourner plusieurs fois autour de son axe, comme la terre dans son mouvement annuel, elle n'exécute qu'un seul tour entier pendant une révolution synodique. Il résulte de là que chaque jour et chaque nuit étant de 15 fois 24 de nos heures, le satellite doit être en proie alternativement à une chaleur excessive et à un froid extrêmement rigoureux.

Le célèbre Lagrange a cherché à expliquer cet effet par une supposition qu'il a étendue à tous les autres satellites, c'est que la face lunaire qui nous correspond étant très allongée, comparativement à l'autre, elle doit, par l'excès de son poids, toujours tendre vers la terre, qui l'attire avec le plus de force.

Lorsqu'on considère avec le télescope la face obscure de la lune, au moment où elle regarde le soleil, on aperçoit une faible clarté, que l'on nomme *lumière cendrée*, et qui provient de la réflexion des rayons lumineux partis de la terre; elle devient beaucoup plus sensible vers le 3e jour de la néoménie. L'appréciation de l'intensité de cette lumière, calculée par quelques observateurs, ayant donné un résultat plus fort que ne le comportent les lois de la lumière réfléchie, ils ont cru pouvoir attribuer la cause de ce phénomène à une propriété phosphorescente du globe lunaire.

Quelles sont les propriétés de la lumière réfléchie par la lune? Nous envoie-t-elle de la chaleur? On a pris, pour résoudre cette question, un instrument composé d'un tube recourbé, aux deux extrémités duquel sont placées deux boules remplies d'air, l'une diaphane et l'autre noircie, le milieu étant occupé par un liquide coloré. S'il y a absorption de chaleur, la boule noire devra en absorber plus que l'autre, qui est diaphane; l'air qu'elle renferme augmentera d'élasticité, et le liquide sera un peu refoulé du côté opposé. Cette expérience faite avec un *photomètre* ou *thermoscope* de cette nature, et capable de mesurer un millième de degré de chaleur, n'a fait voir aucune différence dans l'élasticité des gaz : l'effet thermométrique de la lumière lunaire peut donc être regardé comme nul. On a également cherché à constater si elle avait quelque action chimique sur les substances les plus altérables à la lumière; on a, par exemple, exposé à son action de l'hydrochlorate d'argent, qui se noircit très rapidement sous l'influence de cet agent; l'effet a été absolument nul.

Libration de la lune.

Lorsqu'on suit attentivement avec le télescope les diverses apparences que présentent les taches répandues sur le disque lunaire, on les voit subir quelques variations apparentes de position, qui furent signalées pour la première fois par Galilée. On observe que celles des bords s'écartent ou se rapprochent alternativement en

faisant des oscillations qui se reproduisent de la
même manière lorsque la situation de l'astre re-
devient la même ; c'est cette espèce de balancement qui constitue la *libration* de la lune, expres-
sion qui représente bien les apparences observées,
mais qu'on ne doit point prendre dans un sens positif, car ce balancement n'est point réel en lui-
même : il est produit par plusieurs illusions
optiques qu'il est facile de concevoir.

Le mouvement de la lune, dans sa révolution
autour de la terre, n'est point uniforme comme
celui de la terre dans son orbite ; il est tantôt
accéléré, tantôt retardé, selon que le satellite
s'approche ou s'éloigne, son mouvement de rotation demeurant d'ailleurs sensiblement uniforme. Il en résulte que, durant l'accélération,
on aperçoit à l'orient quelques taches qu'on ne
voyait point d'abord, tandis que celles situées à
l'occident disparaissent ou changent de forme,
l'inverse ayant lieu pendant le retard sur le moyen
mouvement ; c'est cette apparence qu'on nomme
libration en longitude. Mais il existe aussi une
libration en latitude, c'est-à-dire un balancement
dans le sens perpendiculaire à l'équateur lunaire.
Ce second effet provient de l'inclinaison de l'axe
de rotation de la lune sur son orbite, et de ce

que cet axe conserve son parallélisme ; il en résulte que la lune tourne alternativement vers
nous chacun de ses pôles, comme le fait la terre
aux points solsticiaux par rapport au soleil ; on
doit donc voir les taches tantôt se rapprocher et
tantôt s'éloigner. La *libration en latitude* est d'ailleurs peu considérable, ce qui indique que l'é-
quateur de la lune est fort peu incliné sur le
plan de son orbite.

Enfin, une troisième illusion provient de ce
que l'observateur n'étant pas placé au centre
de la terre, vers lequel la lune tourne constamment le même hémisphère, il aperçoit quelques
parties de plus et la même quantité de moins
lorsque l'astre est à l'horizon ; mais à mesure
que la lune s'élève, la face vue par l'observateur
tend sans cesse à se rapprocher de celui qu'il
verrait du centre de la terre. Comme cette oscil-
lation s'accomplit dans l'espace d'un jour, on l'a
nommée *libration diurne*. Le rayon visuel mené
par l'astre de la surface de la terre forme des
angles variables à mesure qu'il s'élève sur l'horizon, et les aspects qu'il nous offre changent
également ; on a alors la *libration diurne*.

A l'aide de ces trois mouvemens apparens, on
a déterminé par le calcul que l'axe de rotation

de la lune était presque perpendiculaire à l'écliptique, son inclinaison étant de 88° $\frac{1}{2}$ sur ce plan,
et que l'équateur lunaire coupait l'orbite suivant
une parallèle à la ligne des nœuds et rétrogradait
avec elle.

Des Éclipses.

La terre et la lune étant, comme nous l'avons
indiqué, des corps opaques, toutes les fois que
l'une de ces planètes se placera, selon certaines
conditions, entre le soleil et l'autre, celle-ci
devra être couverte d'une obscurité plus ou
moins profonde, et il y aura éclipse pour elle.
Ainsi, la terre occupant un point de l'intervalle
qui sépare la lune du soleil, lorsque celle-ci se
trouve en opposition, si elle vient à pénétrer
dans l'ombre qui se projette derrière la terre,
elle cessera d'être éclairée, et devra par conséquent s'*éclipser*. Si c'est, au contraire, la lune
qui prend par rapport à la terre la position que
nous venons d'indiquer, nous cesserons de voir
le soleil, et il sera éclipsé. Il est facile de comprendre que ce dernier phénomène ne pourra
avoir lieu que quand la lune sera à l'époque de
la néoménie.

Nous avons déjà fait remarquer que toutes les

fois que la lune était en opposition ou en conjonction, points de son orbite que nous avons
désignés sous le nom de syzygies, il n'y avait
point nécessairement éclipse de lune ou éclipse
de soleil, car la lune accomplissant la révolution
de son orbite en 29 jours et demi, nous aurions
à peu près tous les quinze jours l'une ou l'autre
de ces éclipses ; ce qui n'a point lieu. L'orbe lunaire coupant l'écliptique, suivant une droite
qui contient les points que nous avons appelés
nœuds, la lune prend, par rapport à ce dernier
plan, diverses positions ; si, lors de son opposition avec le soleil, elle est éloignée de ces nœuds,
elle effleurera seulement l'ombre terrestre sans
y pénétrer, et c'est ainsi que la chose a lieu le
plus souvent ; mais si la ligne qui joint les centres
du soleil, de la terre et de la lune, est droite ou à
très peu près, ce qui arrive toutes les fois que la
lune est dans les nœuds, ou en est seulement voisine, il y aura éclipse de lune ; elle sera *partielle*
ou *partiale,* comme disent quelques astronomes,
si elle ne pénètre qu'en partie dans l'ombre terrestre, *totale* si elle s'y plonge tout entière, et
centrale si son centre coïncide exactement avec
celui de l'ombre terrestre.

Des phénomènes analogues se reproduiront

lorsque la lune sera interposée entre le soleil et la terre, et on aura les diverses éclipses de soleil; *partielles*, si la lune ne cache qu'une partie du disque; *totales*, lorsque le soleil paraît entièrement couvert par la lune, ce qui est possible puisque le diamètre apparent de la lune est plus grand que celui du soleil; *annulaires*, lorsque le soleil, caché par la lune, déborde de toutes parts sous forme d'un anneau lumineux (1); enfin, les éclipses *centrales* (qui sont toujours, ou *totales*, ou *annulaires*), dans lesquelles l'observateur est situé sur le prolongement de la droite qui traverse les centres de la lune et du soleil.

Quelle sera la forme de l'ombre projetée par la lune ou la terre? Nous savons, par expérience, que toutes les fois que nous éclairons un corps quelconque, si le corps lumineux n'est pas plus étendu en tous sens que le corps éclairé, celui-ci projette derrière lui une ombre infinie, et si ces corps sont sphériques, l'ombre a la forme d'un

---

(1) Tycho Brahé ne croyait pas qu'une éclipse de soleil pût être totale. S'il eût vécu quelques mois de plus, il aurait pu voir celle de 1601. Il y a eu plus de trente éclipses totales de soleil pour l'Europe, depuis le commencement de notre ère.

cylindre; mais si la sphère lumineuse est plus
grande que la sphère opaque, alors les rayons
lumineux, rasant les bords du corps éclairé, vont
se rejoindre à une distance plus ou moins considérable, suivant la grandeur du corps et son
éloignement, relativement à celui dont il reçoit
la lumière. Cette dernière circonstance est absolument celle qui se reproduit pour la terre et
pour son satellite. Les dimensions de ces corps
étant en effet beaucoup moins grandes que celles
du soleil, la forme de l'ombre, en vertu de celle
de ces deux astres, devra être celle d'un cône
dont l'étendue variera suivant le diamètre propre à chacun d'eux, et suivant leur distance plus
ou moins grande du soleil. On a trouvé aussi, en
calculant le sommet du cône de l'ombre terrestre,
qu'il s'étendait jusqu'à plus de 3oo,ooo lieues au-
delà de la terre, et comme la lune n'est éloignée
de nous que de 84,ooo lieues environ, elle
pourra être enveloppée complétement; mais il
n'en sera pas de même lorsqu'il y aura éclipse de
soleil. Le globe lunaire étant d'un diamètre très
petit relativement au soleil, le cône de son ombre ne devra couvrir qu'une partie de la surface
de la terre; chacun sait en effet que jamais une
éclipse de soleil n'a lieu en même temps pour

toute la terre, et il est facile de voir que telle éclipse de soleil qui sera totale pour un lieu pourrait être invisible dans un autre, quoique le soleil fût au-dessus de l'horizon : seulement, comme la lune passe successivement devant tous les points du disque solaire, qu'elle peut embrasser en raison de son diamètre, elle cache ainsi successivement le soleil à divers peuples de la terre, dans la direction de son mouvement d'occident en orient. Cet effet ressemble absolument à celui de ces nuages qui, poussés par le vent d'occident en orient, dérobent ainsi la vue du soleil aux contrées les plus occidentales, tandis que celles qui sont plus avancées vers l'orient jouissent de toute sa clarté.

Lorsque la lune approche de l'ombre terrestre, sa lumière ne disparaît pas subitement; elle s'affaiblit peu à peu en acquérant ainsi une obscurité de plus en plus intense, et qui diminue ensuite graduellement à mesure qu'elle en sort. On donne le nom de *pénombre* à cette teinte intermédiaire entre la lumière et l'ombre pure. On en détermine les limites au moyen de deux lignes qui, parties des bords supérieur et inférieur du soleil, vont, après s'être croisées, raser la surface de la terre ; alors l'angle formé entre les

lignes qui limitent le cône de l'ombre terrestre,
et le prolongement de celles qui, parties du bord
inférieur de la circonférence du soleil, vont raser le bord supérieur de la terre, en assignent
les limites.

Lorsque la lune entre tout entière dans l'ombre terrestre, sa surface est encore éclairée
par une lumière rougeâtre et comme cuivrée,
provenant de la réfraction des rayons solaires
dans l'atmosphère qui environne la terre; en
effet, tous les rayons solaires qui n'ont pas été
assez réfractés pour arriver à la surface de la
terre, où ils seraient absorbés, traversent l'atmosphère et viennent se replier derrière elle
comme au foyer d'une lentille; la lune étant
privée d'atmosphère, elle ne peut produire un
semblable phénomène, et son ombre est toujours
extrêmement sombre et noire.

Le retour des éclipses ne se fait qu'après un
intervalle de temps assez long : nous avons dit
précédemment qu'elles n'arrivaient qu'aux syzygies; la révolution synodique des nœuds ne s'accomplissant qu'en 346^j 14^h 52′ 16″, elle se
trouve avec la révolution synodique de la lune
dans un rapport d'à peu près 223 à 19. Après
une période de 223 lunaisons, le soleil et la

lune se retrouveront donc dans la même position
par rapport au nœud lunaire. Cette remarque
sert à prédire le retour des éclipses. Les résultats du calcul ont démontré à cet égard qu'il
fallait environ 18 ans et demi. Cette période fut
connue des Chaldéens, qui s'en servaient pour
le même usage, et qui lui donnèrent le nom de
saros.

Les éclipses ne sont point un phénomène particulier à toutes les planètes : en effet, le volume
du soleil, comparativement à chacune d'elles,
est si grand, que l'ombre projetée par chacune
d'elles ne peut jamais atteindre jusqu'à celle
dont elle est la plus voisine : elles n'ont lieu que
pour les satellites qui les environnent, et dans
les circonstances que nous avons précitées.

L'obscurité profonde qui enveloppe presque
subitement les régions terrestres dans lesquelles
les éclipses ont lieu, l'apparition instantanée
des étoiles, que nous ne voyons briller au firmament que pendant la nuit, le silence universel, effet de la consternation dans laquelle sont
plongés tous les êtres vivans, ont toujours produit sur les hommes étrangers à la connaissance
de ces phénomènes une terreur profonde. Il
suffit de parcourir les annales des divers peuples

qui ont successivement paru sur la surface du globe, pour se convaincre de cette vérité. Les images les plus terribles, les récits les plus effrayans, au-delà de tout ce qu'on peut concevoir, si l'on ne savait ce que produit la frayeur sur les hommes, rien n'est épargné. Plus tard, les peuples s'habituant à ces phénomènes, inventèrent des fables plus riantes; telle était celle des Grecs, qui croyaient que Diane descendait sur la terre pour revoir son cher Endymion. Et enfin, maintenant, il n'est pas de peuple un peu civilisé qui n'ait banni cette épouvante ridicule, et qui n'ait écarté des esprits les présages de calamités que des prêtres trompeurs se plaisaient à entretenir, afin de profiter de l'ignorance des hommes.

Des Planètes.

L'aspect de la voûte céleste nous a fait découvrir certains astres qui, emportés comme tous les autres par le mouvement diurne, changeaient de relations avec les étoiles fixes, auxquelles ils correspondaient à une certaine époque : ce sont les *planètes* ou *étoiles errantes*, ainsi que nous l'avons indiqué plus haut. On en compte actuellement onze, qui sont Mercure, Vénus, la Terre, Mars, Cérès ou Piazzi,

Pallas ou Olbers, Junon ou Harding, Vesta,
Jupiter, Saturne, Uranus ou Herschell; toutes,
placées à des distances infiniment plus rapprochées de nous que les étoiles, circulent autour
du soleil, en décrivant des courbes elliptiques
dont le foyer commun est occupé par l'astre de
qui elles empruntent leur lumière.

Les traces de la plupart des révolutions planétaires sont comprises dans une zône céleste à
laquelle on a donné le nom de *zodiaque;* sa largeur, d'environ 18 degrés, est divisée en deux
parties égales par le plan de l'écliptique céleste,
en sorte que l'on peut parvenir à mesurer l'élévation de la plupart des planètes au-dessus de ce
plan, occupé par le soleil. Cette zône suffisait,
il est vrai, aux anciens, pour comprendre l'é-
cartement des planètes qu'ils connaissaient; mais
la découverte de celles qui sont plus nouvelles
a fait voir qu'elle était insuffisante; car Cérès,
Junon, et surtout Pallas, vont au-delà des limites qu'on lui avait assignées. Les *signes* du zodiaque, au nombre de douze, divisent en douze
parties égales, de 30° chacune, la circonférence entière de l'écliptique. Ils ont reçu les
noms suivans:

Printemps.

0° le Bélier ♈, 0 signes.
30° le Taureau ♉, 1.
60° les Gémeaux ♊, 2.

Été.

90° l'Écrevisse ♋, 3 signes.
120° le Lion ♌, 4.
150° la Vierge ♍, 5.

Automne.

180° la Balance ♎, 6 signes.
210° le Scorpion ♏, 7.
240° le Sagittaire ♐, 8.

Hiver.

270° le Capricorne ♑, 9 signes.
300° le Verseau ♒, 10.
330° les Poissons ♓, 11.

Pour aider la mémoire, on a compris ces douze signes en deux vers latins; ces noms viennent dans l'ordre où le soleil y parcourt les signes:

Sunt Aries, Taurus, Gemini, Cancer, Leo, Virgo,
Libraque, Scorpius, Arcitenens, Caper, Amphora, Pisces.

14

Explication de la dénomination des signes du zodiaque.

Il est curieux, en remontant à l'origine de cette dénomination, de voir que des noms adoptés généralement par tous les peuples qui s'occupent aujourd'hui d'astronomie, et qui n'ont pour eux qu'une valeur de convention, ont été le résultat de comparaisons faites par les Égyptiens entre les phénomènes célestes et les phénomènes terrestres, dont la plupart sont purement locaux et appartiennent exclusivement à une partie de leur pays.

Nous avons vu que le zodiaque était un grand cercle céleste composé de plusieurs groupes d'étoiles; que la terre tournant autour du soleil, on voyait successivement ces astres correspondre à chacun de ces groupes ou signes. Or, pour faciliter leurs observations, les Égyptiens ont imaginé de désigner chaque signe par un nom pris dans ce qui caractérisait en Égypte l'époque pendant laquelle le soleil paraissait se placer devant ce signe; ainsi, par exemple, lorsque le soleil est par rapport à la terre vis-à-vis le groupe d'étoiles appelé *les Poissons*, l'inondation de l'Egypte par les eaux du Nil est complète, et les

poissons se promènent sur toutes les terres re-
couvertes par les eaux; de sorte que cette désignation des signes du zodiaque n'a réellement de
valeur que pour l'Égypte, puisque les autres
pays n'offrent plus les mêmes circonstances physiques que ce berceau de l'astronomie.

Nous allons nous servir du beau travail fait
par l'Institut d'Égypte, pour donner l'étymolo-
gie explicative des noms des différens signes du
zodiaque en langue grecque, copte, arabe et la-
tine.

1°. *Signe du Capricorne. Caper.*

C'est le premier mois d'été; il va du 20 juin
au 20 juillet environ.

En grec. Επιφι, επηφι (d'après Alberti, *Fabri-
cii menologium*).

Copte. *Epep* (*Lexicon ægyptiano-latinum* de
Lacroze).

Arabe. *Hebhébi, hebhéb.*

Latin. La définition de ces différens noms
peut être ainsi conçue : *Caper , dux gregis , qui
cœpit , species apparens aquæ , evigilatio , motio
huc et illuc , aurora.*

Le verbe arabe *hebheb* ou *habeb* signifie *cœpit,
evigilavit , experrectus fuit è somno , flavit ventus,*

vacillavit, huc et illuc motus fuit, insiliit in fa-vellam.

Voici maintenant l'explication des phrases latines qui servent de traduction aux idées exprimées par les mots coptes et arabes qui servent à désigner le signe du capricorne.

Caper nomme le capricorne l'un des douze signes du zodiaque.

Dux gregis, qui cœpit. Le capricorne ouvre et commence l'année; il est le chef des animaux célestes, comme sur la terre il est celui du troupeau dont il fait partie.

Species apparens aquæ, naissance de la crue du Nil, qui n'est ordinairement appréciable que dix jours après le solstice.

Qui evigilavit, qui experrectus fuit è somno, désigne le plus long jour; le soleil ou l'animal qui le représente est éveillé, et réveille à l'heure consacrée au sommeil dans les autres saisons.

Qui vacillavit, qui huc et illuc motus fuit, mouvement d'hésitation du soleil arrivé au solstice.

Qui flavit ventus, vents du nord qui soufflent pendant 15 jours à cette époque. L'almanach des Égyptiens en annonce l'arrivée.

Aurora : Ceci prouve que l'année égyptienne

commençait à l'aurore du caper, à la naissance
du premier jour d'été; enfin, suivant Hérodote,
Epiphi ou Epéphi était probablement l'un des
douze dieux astronomiques des Égyptiens, car
il dit, liv. ɪɪ, chap. 38, que les bœufs apparte-
naient à ce dieu.

2°. *Signe du Verseau.*

Le Verseau était le deuxième mois de l'été, et
durait du 20 juillet au 20 août.

Grec. Μεσορι, Μεσσορι, Μεσωρὶ, Μεσορη, *Me-*
nolog.

Copte. *Mésoré.*

Arabe. *Mesour, misr, vas aquæ paulatim lac*
suum reddens.

Le verbe arabe *meser* se traduit par *præbuit*
paulatim, emulsit quidquid esset in ubere.

L'addition de l'*y* final, qui personnifie *mesouri,*
signifie *aquarim.*

Paulatim lac suum reddens, etc., conviennent
parfaitement à la peinture du verseau dans les
zodiaques d'Essori et de Denderah, où le vase,
à peine penché, laisse écouler peu à peu l'eau
qu'il contient.

Emulsit quidquid in ubere. C'est à peu près durant ce mois que les sources du Nil donnent tout

ce qu'elles doivent verser d'eau. Les Égyptiens regardaient ce liquide comme aussi doux et aussi fertile que le lait. L'inondation va en croissant dans ce mois.

3°. Signe des Poissons.

Les Poissons, troisième mois, du 20 août au 20 septembre.

Grec. Τωθ, Θωυθ, Θωθι, φθα.

Copte. *Thoout.*

Arabe. *Touhout. Ambulatio piscis, incessus, reciprocatus ultrò, retròque in se rediens.*

Le verbe arabe *tona, peragravit regionem, opplevit puteum.*

Le verbe de *hout*, poisson, *hat circumnatavit.*

L'*ambulatio, etc.*, nous montrent les poissons qui vont et reviennent dans les eaux qui couvrent le pays.

Opplevit puteum, désigne l'inondation remplissant tous les lieux bas, car elle est répandue sur toute l'Égypte; enfin, la fête d'Isis a été placée au commencement de ce mois, parce que c'est seulement alors que l'on célèbre la fête du Nil à l'ouverture des digues. Voilà pourquoi il a été nommé quelquefois *fotouh, apertura per terræ superficiem fluentis aquæ*, ouverture des digues.

Un passage de Sanchoniaton, conservé par Philon, dit que *messori* a donné naissance à *thoth*, et nous voyons qu'en effet c'est *messori* ou la crue du Nil qui produit *touhout*, l'expansion des eaux à la surface de l'Égypte, où se promènent les poissons.

4°. *Signe du Bélier.*

Le Bélier est le premier mois d'automne ; il commence au 20 septembre et finit le 20 octobre.

Grec. φαωρι, παοφι, παωφι.

Copte. *Paopi.*

Arabe. *Fofo, foafi, hœdus velox, vox quâ greges increpantur.*

Le verbe arabe se rend par *increpuit gregem dicens fafa.*

Le verbe hébreu *fafa* signifie *obtenebrescere.*

Vox quâ greges increpantur. Comme les eaux se retirent, le bélier conduit de nouveau au pâturage les troupeaux retenus captifs pendant l'inondation.

Obtenebrescere. Le jour diminue de plus en plus, comme il arrive au mois commençant par l'équinoxe d'automne.

5°. *Signe du Taureau.*

Le Taureau, deuxième mois d'automne, du
20 octobre au 20 novembre.

Grec. Αθωρ, αθορι. (Θωωρ Eusèbe.)

Copte. *Athor.*

Arabe. *Thaur, athour, taurus tauri.*

Le verbe *athor, aravit, submovit terram.*

On ne laboure en Égypte que lorsqu'on a
achevé de semer dans les autres pays, dans le
mois de novembre.

6°. *Signe des Gémeaux.*

Les Gémeaux, troisième mois d'automne, du
20 novembre au 20 décembre.

Grec. Χοακ, χοιακ, χοαχ, Κηκος.

Copte. *Choïak.*

Arabe. *Chouk, amore flagrantes, amatores.*

Dans les zodiaques égyptiens, ce sont un jeune
homme et une jeune fille; pendant ces mois, les
grains s'échauffent et germent : c'est imparfaite-
ment que ce signe a été nommé par les Grecs
διδυμοί.

7°. *Signe du Cancer.*

Le Cancer est le premier mois de l'hiver, du
20 décembre au 20 janvier.

Grec. Τυῶι.

Copte. *Tobi.*

Le verbe *teby, amovit, avertit.* Le verbe *teb, reversus, conversus fuit, respuit.*

Ces racines caractérisent bien le mouvement rétrograde du soleil au solstice d'hiver.

8°. *Signe du Lion.*

Le Lion, deuxième mois de l'hiver, du 20 janvier au 20 février.

Grec. Μεχιρ, Μεχειρ, Μεχος.

Copte. *Chery* ou *mechéry.*

Le verbe *cher, acquisivit, collegit; mecher pars segetis,* ou *mecher protulit frondes, ramos; amcher, plantas suas extulit terrá inflatus, turgidus fecit.*

C'est en février que la terre présente le plus bel aspect en Égypte : une partie des récoltes commence déjà; c'est par le roi des animaux qu'ils ont peint la force et la magnificence de la nature.

9°. *Signe de la Vierge.*

La Vierge, troisième mois d'hiver, du 20 février au 20 mars.

Grec. Φαμενωθ.

Copte. *Famenoth.*

Arabe. *Faminoth. Mulier feconda et pulchra quæ vendit spicam, frumentum, et quod portatur inter duos digitos.*

Ce mot est composé de *famij*, qui vend des épis, des graines de toutes sortes, dont l'épi ou la tige peut être portée entre deux doigts, et de *enoth*, femme belle, féconde; dans les zodiaques égyptiens, *famenoth* ou la femme féconde tient un épi à la main. Ce qui a induit les Grecs en erreur pour παρθενος, c'est que le mot égyptien veut dire doué de beauté; mais aussi il emporte l'idée de fécondité.

10°. *Signe de la Balance.*

La Balance, premier mois du printemps, du 20 mars au 20 avril.

Grec. Φαρμουθι.

Copte et arabe. *Faramour, mensura, regula confecta temporis.*

Ce mois répond à l'équinoxe du printemps, et à l'égalité des jours et des nuits.

11°. *Signe du Scorpion.*

Le Scorpion, deuxième mois du printemps, du 20 avril au 20 mai.

Grec. Παχων.

Copte. *Pachous*.

Arabe. *Bachony, venenum, aculeus Scorpionis, prostravit humi venenum aculeus Scorpionis.*

Ce mot est composé de *bach, prostravit, humi stravit*, qui, dans toutes les langues orientales, signifie *putruit, læsit, pravus fuit* ou *putrido, malum, morbus*, et de *honniy, venenum, aculeus scorpionis et terror*. Ce qui caractérise le second mois de l'équinoxe du printemps, où la chaleur donne l'essor aux bêtes venimeuses, et développe les maladies et la peste. La racine *hama* signifie aussi *ferbuit dies;* les jours deviennent brûlans.

12°. *Signe du Sagittaire.*

Le Sagittaire, troisième mois du printemps, du 20 mai au 20 juin.

Grec. Παϋνι, παωνι.

Copte. *Paons*.

Arabe. *Fayne* ou *fenni, extremitas seculi temporis, horæ. Faijnan, fenan, nomen equi; onager varii cursus.*

La racine *fann* signifiait *propellit, impulit; faijni* signifie *propulsator, impulsator.*

Extremitas. Dernier nom de l'année égyptienne.

Nomen equi. Onager, nom d'un quadrupède.

Propulsator indique son action. Dans le zodiaque égyptien, l'image de cet animal a le corps d'un quadrupède, une tête à deux faces, une de lion, une d'un homme armé prêt à lancer une flèche. Il semble pousser en avant les animaux qui le précèdent et arrêter ceux qui le suivent. Tout indique qu'il va atteindre le but vers lequel il tend, et que sa course s'achève.

Après la digression que nous venons de faire au sujet du zodiaque, et qui ne peut manquer d'intéresser nos lecteurs à cause des discussions qui ont eu lieu sur ce sujet, il est bon de terminer ce que nous avions déjà commencé sur les planètes en général. On les a distinguées d'après leur position relativement à la terre en *inférieu-* *res* et en *supérieures*. C'est parmi ces dernières que se trouvent toutes celles qui ont été découvertes par les modernes : ce sont les quatre qui sont comprises entre Jupiter et Mars et la plus éloignée. On les a toutes désignées sous le nom de *télescopiques*, parce qu'en effet elles ne sont visibles qu'à l'aide du télescope.

Les distances des planètes à l'égard les unes des autres offrent des rapports numériques très singuliers ; si, en effet, on double successivement les nombres 0, 3, 6, 12, 24, 48, 96, 192 ;

si ensuite on leur ajoute le nombre 4 de manière à ce qu'on ait pour correspondant 4, 7, 10, 16, 28, 52, 100, 196, ces dernières quantités exprimeront l'ordre d'éloignement des planètes avec assez de régularité. Ce fut à l'aide de ces rapports que Kepler, chez lequel le sentiment de ces mêmes rapports était si développé, ayant aperçu entre les nombres 28 et 52 une trop grande différence, osa prédire la découverte des nouvelles planètes, et ce fut en effet d'après ce soupçon que les astronomes qui en firent la recherche, se guidèrent. Kant lui-même, ce métaphysicien, avait également senti cette différence, et avait confirmé la prédiction de Kepler.

Des Planètes inférieures.

On appelle ainsi celles qui parcourent une orbite comprise entre le soleil et celle de la terre ; elles sont au nombre de deux, savoir : Mercure et Vénus.

De Mercure ☿ .

Lorsqu'on examine attentivement le ciel du côté de l'occident, après le coucher du soleil, on aperçoit quelquefois un corps lumineux, extrêmement petit, qui, parvenu à une certaine distance, semble rester immobile, puis disparaître après quelques jours. D'autres fois, si l'on

15

fixe ses regards sur la région opposée du ciel,
on distinguera un astre semblable qui précède le
lever du soleil d'un petit nombre de degrés : il
augmente chaque jour de grandeur, et enfin se
rapproche tellement du soleil qu'il finit par se
perdre complétement au milieu de ses rayons.
Cette planète, qui est la plus rapprochée du soleil, se nomme *Mercure*. Le peu de durée de son
apparition provient de son voisinage du soleil,
dont elle ne paraît s'écarter que de 16° à 29°. Si
l'on a recours au télescope pour l'observer, on
la voit présenter successivement les mêmes apparences que la lune, se montrer dans les quadratures, sous forme de croissant dont la convexité correspond toujours au soleil : c'est donc
à cet astre qu'elle emprunte sa lumière, comme
le font toutes les autres planètes. Il suit de là
que toutes les fois qu'elle est placée au-delà du
soleil ou dans les conjonctions supérieures, elle
doit tourner vers nous sa face lumineuse, et
nous avons plein Mercure comme nous avions
pleine lune. Ce sera le contraire lorsqu'elle sera interposée entre nous et le soleil ; elle devra même
nous cacher une partie du disque de celui-ci lorsqu'elle sera à son point d'intersection avec l'é-
cliptique, et que la ligne qui joindra son centre

à celui du soleil passera également par le centre
de notre globe; mais la petitesse de cette planète, son voisinage du soleil et sa distance relativement à nous, qui en rendent l'observation
si difficile, nous empêche le plus souvent d'être
témoins de ce phénomène, qui ne se présente
qu'après des périodes de 6, 7, 13, 46 et 263 ans.

L'emploi du télescope a fait reconnaître que
cet astre offrait un côté de son croissant tron-
qué; et comme cette irrégularité ne revenait
qu'après 24^h $5'$ $3''$, on en a conclu sa rotation
sur son propre axe pendant le même espace
de temps. On croit qu'il est environné d'une atmosphère extrêmement épaisse. Newton, en calculant la quantité de chaleur qu'il pouvait recevoir, a reconnu qu'elle devait être environ sept
fois plus considérable que celle du globe au milieu de l'été, ce qui équivaut à une température
plus élevée que celle de l'eau bouillante. Dans
ce calcul, Newton supposait les circonstances
les mêmes pour Mercure que pour la terre; mais
il pourrait très bien se faire qu'elles fussent différentes, et nous ne sommes pas assez instruits
sur ce qui est relatif à la production de la chaleur, pour juger de celles des différentes planètes qui peuvent, par une constitution particu-

lière, modifier l'action solaire de manière à en
développer plus ou moins. On croit que Mercure
est hérissé de montagnes, qui ont, dit-on, 8000
toises d'élévation.

La forme de Mercure est celle d'un corps parfaitement sphérique, dont le diamètre est les $\frac{1}{5}$
de celui de la terre; son diamètre apparent,
d'environ 7″, varie suivant ses positions; le plan
de son équateur est extrêmement incliné par rapport à son orbite, qu'il parcourt en 87ʲ 23ʰ 25′
44″, avec une vitesse de 40,000 lieues par heure;
la forme de son orbite est celle d'une ellipse très
excentrique, qui demeure toujours renfermée
dans celle de la terre. La distance de cet astre
au soleil est de 13,361,000 lieues.

De Vénus ♀.

Vénus, la plus brillante de toutes les planètes,
et qui pour cette raison avait reçu des anciens
le nom de la plus belle de leurs déesses, se
montre à nous absolument sous les mêmes apparences que Mercure; seulement, comme elle
est plus éloignée du soleil, elle demeure plus
long-temps exposée à nos regards; c'est elle que
nous apercevons, tantôt après le coucher du
soleil, tantôt avant son lever, et que les anciens,

qui la regardaient comme deux astres différens, nommaient *Lucifer*, *phosphore* ou *étoile du jour*, et *Vesper* ou *étoile du soir*, suivant qu'elle prenait la dernière ou la première de ces positions.

Lorsqu'on l'examine à l'aide d'une bonne lunette, on lui reconnaît une forme à peu près sphérique ; elle a offert aussi plusieurs fois des taches et des aspérités qui, interceptant sa lumière, ont donné une forme tronquée aux cornes de son croissant. L'intervalle de temps écoulé entre deux retours consécutifs d'une même troncature a permis de conclure qu'elle avait une rotation sur son axe qui s'accomplissait en 23 h. 21' 19" ; d'après les observations d'Herschell, il résulterait que cette planète est hérissée de montagnes trois ou quatre fois plus élevées que celles de la terre. Un astronome allemand, Schrœter, ayant calculé la loi de la dégradation de la lumière, a prétendu que Vénus était enveloppée d'une atmosphère formée de fluides élastiques très denses.

L'orbe de Vénus, incliné de 3° 24' sur l'écliptique, est une ellipse qui n'embrasse jamais la terre ; car si cela était, celle-ci s'interposant entre Vénus et le soleil, il y aurait opposition ; mais on n'a jamais rien vu de semblable. Ses os-

cillations autour du soleil ou ses élongations sont
toujours à peu près de même étendue. Lorsque
Vénus a atteint le point de sa courbe, situé au-
dessous du soleil, relativement aux habitans de
la terre, son diamètre apparent est très petit et
de 30″ seulement; mais lorsqu'elle s'est rapprochée de la terre, il devient considérablement
plus grand, et va jusqu'à 184″. Cet astre se place
quelquefois comme Mercure au-devant du soleil,
et forme sur son disque une tache ronde et
noire : c'est alors que son diamètre apparent a
la plus grande étendue. La durée de sa révolution est de 224 jours 16 heures 49′ ; sa distance
moyenne relativement au soleil est de 25 millions
de lieues.

Les conjonctions de Vénus et du soleil n'ont
lieu dans les mêmes points du ciel qu'une fois
tous les huit ans à très peu près ; la durée du
passage de Vénus sur le soleil est un moyen dont
les astronomes se servent pour déterminer avec
précision sa distance, et cette longueur sert ensuite d'échelle pour mesurer les autres distances
planétaires et la parallaxe du soleil.

Planètes supérieures.

Les planètes dont nous allons nous occuper

maintenant ont été appelées supérieures parce qu'elles sont à une plus grande distance du soleil que la terre ; leur mouvement apparent présente les plus grandes inégalités : tantôt il paraît s'exécuter dans le même sens que celui de la terre autour du soleil, d'occident en orient ; tantôt c'est dans un sens contraire : si l'on détermine chaque jour leur déclinaison et leur ascension droite, ou les voit varier de jour en jour; leurs plans prennent également des inclinaisons très différentes par rapport au plan de l'écliptique; s'entrecoupent en des nœuds divers, et comme elles sont toutes à une plus grande distance du soleil que la terre, les phénomènes d'opposition et de conjonction que nous avons reconnu se produire dans les mouvemens de la lune, se manifestent de nouveau ici; c'est-à-dire qu'à certaines époques la terre s'interpose entre elles et le soleil, de manière que la face lumineuse correspond à ce dernier astre, tandis que dans d'autres cas, cette même face est tournée vers la terre ainsi que vers le soleil.

C'est aussi dans les planètes supérieures que l'on trouve les planètes secondaires ou satellites, décrivant autour des planètes primaires, qu'elles suivent dans leurs révolutions, des courbes d'un très petit diamètre relativement à elles. La lune nous a déjà offert un exemple semblable : ce n'est réellement qu'un satellite de la terre.

Mars ♂.

Cette planète est .a plus rapprochée de la terre, au-dessus de laquelle elle est immédiatement située; elle présente constamment au télescope un disque à peu près arrondi, sans jamais être échancré comme celui de Vénus; du reste, cette forme est très variable; elle est, dit-on, circulaire dans les oppositions et les conjonctions; dans les positions intermédiaires, elle diminue peu à peu, et devient réellement ovale. La lumière qu'elle nous envoie est obscure et comme cuivrée; ce qui a fait penser qu'elle était environnée d'une atmosphère très épaisse. On y aperçoit des bandes blanches qui changent successivement de dimension, et qui finissent par disparaître. L'axe de cette planète étant incliné sur son orbite de 61° 33', les variations des saisons ne doivent point être fort sensibles; les jours et les nuits y sont toujours à peu près de même longueur, et la température presque constamment la même. On présume que cette constance de chaque parallèle de conserver la même

température est favorable à la formation des
glaces, qui, en nous réfléchissant la lumière plus
fortement que les autres parties, nous donnent
l'image de ces bandes blanches que nous y apercevons. On a reconnu également par leur moyen
la révolution de cette planète sur son axe : sa
durée est à peu de chose près celle de notre
globe : elle est de 24 heures 31′ 22″.

Sa distance du soleil est de 53 millions de
lieues; elle ne reçoit guère que les $\frac{4}{9}$ de la chaleur et de la lumière que nous recevons nous-
mêmes.

L'ellipse de Mars est très excentrique; elle
forme avec celle de notre globe un angle de
1° 51′, 1; le temps qu'il met à la parcourir dans
son entier est de 686 jours 23 heures 30′ 41″, 4.
Dans ce mouvement les variations de son diamètre apparent sont très grandes ; sa plus
grande valeur est de 90″, et sa plus petite de
18″; les distances correspondantes sont entre
elles dans le rapport de 18 à 90, ou de 1 à 5 ;
il suit de là que quand Mars est au point de son
orbite le plus rapproché de la terre, ou à son
opposition, il est une fois plus voisin que dans
le cas contraire, c'est-à-dire à sa conjonction.

Dans les oppositions, cette planète étant à

près de la moitié de la distance du soleil à la terre, sa surface devient extrêmement brillante, c'est ce qu'on observa en effet en 1719, où elle était à la fois à son périhélie et en opposition.

Des quatre planètes nouvelles, Junon, Cérès, Pallas et Vesta.

Ces quatre planètes, dues aux découvertes des modernes, sont placées entre Mars et Jupiter. Ces planètes sont assez remarquables; en effet, en les comparant aux autres, on trouve qu'elles sont toutes très petites, quoiqu'on ne puisse donner encore rien de positif à cet égard, car lorsqu'on consulte les divers auteurs qui en ont parlé, on les voit offrir tous des résultats différens : elles sont également à des distances à peu près égales ou du moins très rapprochées les unes des autres; il en est même dont les orbites s'entrecoupent mutuellement; l'inclinaison de leur plan sur l'écliptique est très considérable généralement. Toutes ces considérations ont fait émettre une opinion extrêmement hardie et en même temps très probable, c'est qu'une comète sans doute était venue frapper la planète unique qui existait entre Mars et Jupiter, et l'avait brisée en 4 parties, qui, ensuite abandonnées à elles-mêmes, avaient pris des routes différentes dans l'espace.

Junon, trouvée en 1804 par Harding, a, selon Schrœter, un diamètre de 475 lieues. Elle accomplit sa révolution autour du soleil dans une orbite inclinée de 23° 4′ ½ sur l'écliptique, en 4 ans et 128 jours; elle est éloignée du soleil de 92,000,000 de lieues environ.

Cérès fut de toutes ces planètes celle qui fut découverte la première par Piazzi, le 1ᵉʳ janvier 1801. Située à une distance de 95,000,000 de lieues environ du soleil, elle achève sa révolution autour de lui en quatre ans et demi, dans un orbe incliné de 10° 37′ 25″; son diamètre, de 50 lieues selon Herschell, et de 475 selon Schrœter, n'est pas connu bien exactement. Son apparence est celle d'une étoile nébuleuse, environnée de brouillards très variables.

Pallas, observée par Olbers le 28 mars 1802, est à peu près à la même distance du soleil que la précédente; elle est à 96,000,000 de lieues environ. De toutes les planètes, c'est celle dont l'inclinaison sur le plan de l'écliptique est le plus considérable; elle est de 34° 37′ 30″; selon Schrœter, son diamètre serait de 700 lieues; selon Herschell, au contraire, il n'aurait que

5o lieues; son orbite est extrêmement allongée, et se croise avec celle de la planète précédente : elle la décrit en 4 ans 7 mois et 11 jours.

Vesta, découverte en 1807 par Olbers, parcourt, en 3 ans 66 jours 4 heures, son orbite, qui paraît fort irrégulière, et dont l'inclinaison a été estimée 7° 8′ seulement. Du reste, tout ce qu'on connaît au sujet de cette planète est très peu de chose.

De Jupiter ♃ et de ses satellites.

Jupiter, la plus grosse de toutes les planètes, circule autour du soleil dans une orbite intermédiaire entre Mars et Saturne. Son éclat, quelquefois plus brillant que celui de Vénus, la rend extrêmement remarquable. Sa grosseur est 1281 fois celle de la terre. Son axe, presque perpendiculaire sur son orbite, est incliné de 86° 47′ 36″; il suit de là que le soleil est presque continuellement dans le plan de son équateur, qu'il doit y avoir un printemps perpétuel et que les nuits sont toujours à peu près égales aux jours. Sa rotation sur son axe est extrêmement rapide, et s'accomplit en 9ʰ 56′.

Si, en vertu de sa rotation sur son axe, la terre a dû éprouver un renflement à l'équateur

et un aplatissement aux pôles, comme nous
l'avons indiqué ci-dessus, il est facile de concevoir que si les idées que nous avons émises sur
ce sujet sont justes, Jupiter, qui est animé d'une
vitesse de rotation sur son axe si rapide, devra
présenter ces résultats d'une manière plus pro-
noncée. On trouve, en effet, qu'elle est aplatie
d'un 13ᵉ sous les pôles, tandis que la terre ne
l'est que d'un trois cent neuvième.

On n'a point reconnu de phases dans Jupiter,
parce que la distance de cette planète à la terre
est tellement considérable, qu'elle doit toujours
paraître pleine à un observateur situé à sa surface; à plus forte raison devra-t-il en être de
même pour Saturne et Uranus.

Quoique 1281 fois aussi volumineuse que la
terre, sa densité est à peine le quart de celle
de cette planète. Cette circonstance très remarquable semble confirmer l'opinion de Buffon sur
l'incandescence primitive des planètes; cet illustre naturaliste a même osé avancer que la fusion
de cette planète durerait encore 160,000 ans.

Lorsqu'on observe Jupiter à l'aide d'un télescope, il se montre toujours accompagné de
trois ou quatre petits corps lumineux qui se
déplacent successivement autour de cette pla-

16

nète, et apparaissent à des distances différentes
de son disque : on les appelle satellites. Lorsqu'ils viennent à passer au-devant de la surface
éclairée de Jupiter, on reconnaît qu'ils projet-
tent sur lui une ombre plus ou moins considérable, suivant la distance et la grosseur de chacun d'eux; il y a donc une véritable éclipse de
soleil pour les habitans de cette planète. Cette
observation nous démontre évidemment que ni
la planète ni ses satellites ne sont lumineux par
eux-mêmes. Lorsqu'en vertu de leur mouvement
circulaire, ceux-ci sont parvenus derrière Jupiter, on les voit successivement disparaître, et
ces *éclipses des satellites* de Jupiter sont fort
utiles aux marins pour la détermination de leur
longitude.

On conçoit aisément que cette disparition
pourra encore avoir lieu sans que pour cela ces
satellites passent derrière le corps même de la
planète; il suffit qu'ils s'engagent dans son ombre; ces disparitions ne sont pas rares, et elles
varient nécessairement avec la position du soleil; ainsi, lorsqu'il sera à l'orient, elles auront
lieu à l'occident; ce sera le contraire si sa situation est à un point opposé du ciel. Quelquefois
les satellites reparaissent du même côté où ils

avaient été éclipsés ; ils se retrouvent tous dans
la même position relative après 437 jours. Les
orbites dans lesquelles ils accomplissent leur révolution sont à peu près dans le plan de l'équateur. Les trois premiers paraissent se mouvoir
dans des plans très peu différens, le quatrième
seul est un peu plus écarté. Le premier, ou le
moins distant de la planète, s'éclipse régulièrement toutes les 42^h 28′ 8″ ; les éclipses du second
ne reviennent guère que toutes les 85^h 18′ ; celles
du troisième tous les 7^j 4^h ; enfin, celles du quatrième, tous les 17 jours. Ces éclipses n'arrivent
point indifféremment dans quelque position que
ce soit. On a remarqué, en effet, qu'elles n'a-
vaient jamais lieu d'orient en occident, mais
lors de leur retour d'occident en orient ; il s'ensuit donc que ces satellites circulent dans le sens
de toutes les planètes qui composent notre système planétaire, fait qui est sans contredit un
des plus remarquables du système du monde.

Les orbites que chaque satellite parcourt sont
à très peu près circulaires ; on n'a reconnu d'excentricité que dans celles du troisième et du
quatrième satellite ; elle est surtout très sensible
chez ce dernier.

Herschell, en examinant attentivement les satellites au télescope, s'est aperçu que l'intensité de leur lumière offrait des variations périodiques, et en calculant les époques auxquelles leurs faces sont tournées vers nous, a pu déterminer la durée de leur révolution sur leur axe; il a trouvé qu'ils tournaient toujours la même face vers Jupiter, et faisaient ainsi un seul tour entier sur leur axe, pendant qu'ils parcouraient leur orbite entière; ce qui confirme, d'une manière évidente, leur analogie avec la lune. Maraldi était déjà arrivé à la même conséquence pour le quatrième satellite, en suivant les retours d'une même tache observée sur son disque.

De Saturne ♄, de son anneau et de ses satellites.

Saturne, examiné à l'œil nu, se montre à nous sous l'apparence d'un corps dont la lumière terne et plombée rend l'observation très difficile. On dirait une étoile nébuleuse, et l'erreur devient d'autant plus aisée que son mouvement étant extrêmement lent, on le prendrait pour une étoile fixe. A l'époque de son opposition, sa lumière devient beaucoup plus étincelante : il est alors facile à distinguer. Herschell y a découvert, au moyen du télescope, une série de bandes parallèles à l'équateur, à l'aide desquelles il détermina son mouvement de rotation sur lui-même, qui est de 10 heures et demie; l'aplatissement des pôles qui en résulte est tel, que l'axe des pôles est plus petit de $\frac{1}{11}$ que celui de l'équateur.

Cette planète, qui est 900 fois plus grosse que la terre, est éloignée du soleil de 329 millions de lieues. Le temps qu'elle met à parcourir son orbite est de 29 ans 5 mois 14 jours; celui-ci a une inclinaison sur l'écliptique de $2°\frac{1}{1}$.

Ainsi que Jupiter, Saturne est accompagné de satellites; mais ils sont bien plus nombreux; on en compte sept : six se meuvent à peu près dans le plan de l'équateur, le septième est le seul qui s'en écarte d'une manière sensible. L'inclinaison de son orbe est d'environ 30°; on a reconnu qu'il ne faisait qu'un seul tour sur son axe pendant une révolution entière. La difficulté d'observer les autres, à cause de leur distance considérable, a empêché les observateurs de déterminer s'ils étaient soumis à la même loi; mais l'analogie doit aisément conduire à l'admettre.

La durée de la révolution de chacun d'eux est assez différente.

Le premier opère sa révolution moyenne sidérale en 22^h 37′ 23″, à la distance de 39,878 lieues du centre de Saturne ; le second en 1^j 8^h 53′ 9″, à la distance de 51,165 lieues ; le troisième en 1^j 21^h 18′ 26″, à la distance de 63,844 lieues ; le quatrième en 2^j 17^h 44′ 51″, à la distance de 81,140 lieues ; le cinquième en 4^j 12^h 25′ 11″, à la distance de 113,335 lieues ; le sixième en 15^j 22^h 41′ 14″, à la distance de 262,086 lieues ; le septième en 79^j 7^h 54′ 37″, à la distance de 765,513 lieues.

Saturne, si remarquable déjà par le nombre de ses satellites, se distingue encore par un phénomène qui n'a point d'analogue dans tout le système planétaire : il consiste dans la présence d'une bande lumineuse située dans le plan de l'équateur, auquel elle forme une sorte de ceinture, que l'on aperçoit à l'aide d'un télescope. Lorsque Saturne vient à se déplacer, cette ceinture, d'abord si apparente, se rétrécit peu à peu sous forme d'une ligne lumineuse, qui finit par se dérober aux regards de l'observateur. Saturne semble alors tout à fait arrondi ; quelque temps après cette bande annulaire se montre de nouveau, d'abord peu apparente; elle s'élargit successivement, et l'on distingue entre elle et sa planète une partie du ciel parsemée d'étoiles; elle est donc à une certaine distance de Saturne. Ces singulières apparences, qui reviennent constamment à des époques déterminées, sont dues aux diverses inclinaisons que le globle de Saturne prend par rapport à nous lors de son mouvement de translation dans sa courbe elliptique. Toutes les fois que le soleil et la terre se trouveront d'un même côté de ce plan, son anneau devra nous paraître lumineux; mais s'il prend, relativement à ces deux corps, une position intermédiaire, il nous sera impossible de le distinguer, à moins qu'il ne soit lumineux par lui-même; or l'observation confirme que, dans la circonstance que nous venons d'indiquer en dernier lieu, son anneau ne nous paraît jamais éclairé: il est donc opaque. Lorsque le prolongement du plan de l'anneau passe par le centre de la terre, nous ne devons plus l'apercevoir, parce qu'il ne nous offre que sa tranche, qui est extrêmement mince. C'est en effet ce qui arrive lorsqu'on se sert de lunettes ordinaires; mais si l'on a recours à des télescopes doués d'un pouvoir grossissant très

considérable, cette tranche paraît encore comme
un filet lumineux dont l'épaisseur soustend à peine
une seconde sexagésimale; mais à cette distance,
une seconde répond à une épaisseur de 1,500
lieues.

Ces apparences reviennent après des périodes
d'à peu près 15 ans, mais avec quelques modifications. L'anneau disparaîtra en 1832, en 1848,
en 1862, 1878, 1891. Il résulte, des observations des astronomes, que le plan de l'anneau
reste constamment parallèle à lui-même sur l'orbite de Saturne, et par conséquent sa trace sur
le plan de l'écliptique doit toujours faire avec
la trace de l'orbite un angle constant.

Lorsqu'on emploie les lunettes les plus parfaites d'exécution, on reconnaît sur la surface de
l'anneau, des lignes noires concentriques, qui
paraissent former plusieurs séparations; mais on
distingue surtout deux anneaux, dont Herschell
a calculé les dimensions. Selon cet astronome,
le diamètre intérieur du plus petit anneau serait
de 48,782 lieues, et son diamètre extérieur
de 61,464 lieues ; le diamètre intérieur du
plus grand aurait pour longueur 63,416 lieues,
et le diamètre extérieur 68,294. Il y aurait donc,
d'après cela, entre Saturne et la circonférence

interne de l'anneau postérieur, une distance de
14,444 lieues.

Quelques taches répandues sur la surface de
cet anneau ont servi à Herschell pour déterminer
sa rotation sur son axe, dont la durée est de 10
heures[h] 29′ 16″; l'axe de rotation est perpendiculaire à son plan, et est le même que celui de
Saturne.

La durée de cette rotation, qui paraît précisément celle d'un satellite qui aurait pour orbite
la circonférence moyenne de l'anneau, a servi à
M. Biot à expliquer comment l'anneau de Saturne peut se soutenir autour de cette planète
sans la toucher, ou du moins à ramener le fait à
la cause générale qui soutient ainsi tous les satellites.

En effet, dit cet illustre savant, on peut
considérer chaque particule de l'anneau comme
un petit satellite de Saturne, et l'anneau lui-
même comme un amas de satellites liés entre eux
d'une manière invariable. Si ces corps étaient li-
bres et indépendans les uns des autres, leurs vitesses varieraient avec leur distance au centre
de la planète; les plus voisins de ce centre iraient
plus vite, les plus éloignés, plus lentement; et

si l'on prend pour terme moyen la vitesse qui convient à la circonférence moyenne de l'anneau, les vitesses des autres particules s'en écarteraient, soit en plus, soit en moins, d'une égale quantité. Maintenant, si les particules viennent à s'unir et à s'attacher les unes aux autres pour former un corps solide, il se fera une sorte de compensation entre leurs mouvemens; les plus rapides communiqueront aux plus lentes une partie de leur vitesse, qui, à leur tour, communiqueront, en échange, une partie de leur lenteur, et ces efforts opposés se faisant mutuellement équilibre, il ne restera que le mouvement moyen, commun à toutes les particules, et qui sera celui de la circonférence moyenne. Ces anneaux se soutiendront autour de Saturne comme la lune se soutient autour de la terre, ou comme feraient les arches d'un pont, si le foyer de la pesanteur était au centre des voussoirs.

Cette théorie subsisterait encore dans le cas où l'anneau serait composé, comme il paraît l'être, de plusieurs anneaux concentriques, et détachés les uns des autres; seulement il faudrait l'appliquer séparément à chacun d'eux, alors les durées de leur rotation devraient être

sensiblement différentes. C'est au temps et à
l'observation à confirmer ces résultats. (*Astronomie physique*, pages 97 et 98 du tome III.)

D'Uranus ♅ et de ses satellites.

Uranus est la planète la plus éloignée du soleil. On l'avait, jusqu'en 1781, considérée comme
une étoile; mais, à cette époque, Herschell ayant
suivi cet astre avec attention, reconnut que c'é-
tait réellement une planète, située à plus de 662
millions de lieues, et qui accomplissait sa révolution entière en 84 ans. Son orbite embrasse
celle de toutes les autres planètes; c'est elle qui
offre le moins d'inclinaison sur le plan de l'écliptique; elle n'est, en effet, que de 46' 26". Cette
planète, qui paraît assez brillante, ne peut être
aperçue à l'œil nu à cause de sa distance considérable. On ne sait si elle a un mouvement de
rotation sur son axe, mais on le présume très
fortement.

Herschell lui reconnut également des satellites qui circulaient autour d'elle, à peu près
dans le même plan. Suivant cet astronome, les
éclipses de ses satellites ont été visibles en 1759.

Le premier achève sa révolution sidérale en

5^j 21^h 25′ 21″, à la distance moyenne de 74,718 lieues;

Le second en 18^j 16^h 57′ 47″, à la distance de 96,940 lieues;

Le troisième en 10^j 23^h 3′ 59″, à la distance de 129,572 lieues;

Le quatrième en 13^j 10^h 56′ 30″, à la distance de 129,572 lieues;

Le cinquième en 38^j 1^h 48′, à la distance de 259,162 lieues;

Le sixième en 107^j 16^h 39′ 56″, à la distance de 518,254 lieues.

Les deux tableaux suivans mettront sous les yeux de nos lecteurs toutes les circonstances de volume, de masse, de densité, de distance, d'inclinaison, etc.

Volumes, Masses, Gravités, Parallaxes annuelles.

ASTRES.	VOLUMES.	MASSES.	DENSITÉS.	POIDS.	PARALLAXES annuelles.
☉ Soleil...	1395,324	329,630	0,23624	27,65	"
☿ Mercure.	0,0565	0,1627	2,879646	1,07	126° 14'
♀ Vénus...	0,8828	0,9243	1,04701	1	139° 9'
♁ Terre...	1	1	1	1	"
☾ Lune...	0,02042	0,0146	0,715076	0,228	27° 1'
♂ Mars...	0,1386	0,1294	0,930736	0,43	18° 6'
♃ Jupiter.	1280,9	308,94	0,24119	2,51	9° 59'
♄ Saturne.	974,78	93,271	0,095684	1,3	5° 42'
♅ Uranus..	81,26	1,6904	0,020802	0,95	2° 55'

ASTRES.	TEMPS DES RÉVOLUTIONS sidérales.	DISTANCE AU SOLEIL en 1,000 lieues.	LIEUES parcourues en 1'.	TEMPS DE ROTATION sur l'axe.	DIAMÈTRES en LIEUES.	INCLINAISON de l'orbite sur l'écliptiq.	INCLINAISON de l'axe sur l'orbite.
☉	»	»	»	25j 12h 0'	315,000	»	82°,50
☿	87j 23h 14' 30"	13,361	653	1 0 4	1,130	7°,78	»
♀	224 16 41 27	25,000	485	0 23 21	2,787	8°,76	»
⊕	365 5 48 49	34,500	412	1 0 0	2,865	»	66°,52
☽	27 17 43 11	86	14	27 7 44	782	5°,71	88°,50
♂	686 22 18 27	52,613	329	1 0 39	1,592	1°,85	61°,30
⚶	4 ans 128j 0h	91,278	»	»	»	31°,05	»
⚳	4 220 2	95,532	»	»	»	10°,62	»
⚴	4 220 16	95,892	»	»	»	34°,60	»
⚵	3 66 4	81,530	»	»	»	7°,15	»
♃	11 315j 12h 30'	180,000	178	0 9 56	33,121	1°,46	89°,45
♄	29 161 4 27	329,200	132	0 10 16	27,529	2°,77	60°
♅	83 29 8 39	662,000	93	»	12,212	0°,86	»

¹ la révolution, la distance et la vitesse de la lune sont considérées relativement à la terre.

Des orbes planétaires et des lois de Képler.

Dans l'histoire particulière que nous avons
donnée de chacune des planètes, nous avons reconnu leurs mouvemens autour du soleil, mais
sans assigner d'une manière précise la nature
des orbites, leur position relativement au plan
de l'écliptique, ni les moyens d'arriver à ces résultats. Nous n'avons point recherché si, au milieu de cette multitude de mouvemens si divers
et si confus, il était possible de démêler une loi
capable de nous faire envisager d'un seul coup
d'œil, et sans embarras, les rapports qui les
unissent, le principe qui les détermine. C'est à
la connaissence de ces faits que nous allons faire
parvenir nos lecteurs dans ce chapitre.

Nous savons déjà que les planètes viennent
dans leur révolution, après certaines époques
assez régulières, couper le plan de l'écliptique
en deux points exactement opposés. Si l'on suppose maintenant une ligne qui les réunit, et à laquelle on donnera le nom de *ligne des nœuds*,
celle-ci déterminera la trace du plan de l'orbite
sur l'écliptique.

Imaginons maintenant un observateur situé
au centre du soleil, qui veuille connaître l'ins-

tant du passage précis d'une planète quelconque
à ses nœuds ; ce passage se fera aux époques dont
nous avons parlé, et il la verra sur le prolongement de la ligne qui passe par le centre du soleil ; il lui sera facile de calculer si les longitudes
sont égales, ou diffèrent d'une demi-circonférence : pour nous, qui sommes placés sur la
terre et hors du centre du système planétaire,
il nous est bien possible de reconnaître l'instant
du passage des nœuds, mais nous ne pouvons
les voir lorsqu'ils sont constamment opposés l'un
à l'autre, parce que la droite qui les réunit prend
successivement diverses inclinaisons par l'effet
du mouvement du soleil ; cependant il arrive
quelquefois, mais très rarement, que le soleil
et la terre étant sur la même ligne, la planète
que l'on veut observer se trouve également sur
son prolongement ; nous la voyons alors sur le
même point que le soleil, nous pouvons fixer la
longitude, et il suffira de plusieurs observations
semblables pour déterminer si le nœud de la
planète répond toujours à la même longitude,
vue du soleil.

Le lieu du nœud étant connu, il faudra, pour
évaluer l'inclinaison, attendre que le soleil ait la
même longitude que la planète ; et alors on aura

la latitude de l'astre, d'où l'on déduira l'inclinaison du plan de l'orbite.

L'évaluation des longitudes des nœuds des planètes, à des époques éloignées, a fait voir qu'en tenant compte des déplacemens des équinoxes, les nœuds changeaient de position et suivaient un mouvement rétrograde semblable à celui que nous avons signalé dans les révolutions de la lune ; les inclinaisons des orbites varient également entre elles et par rapport à l'écliptique.

Ces données précédentes acquises, pour trouver la loi du mouvement de la planète et la nature de son orbite, il faut d'abord mesurer la durée d'une révolution entière autour du soleil. Pour cela, il suffira de fixer un point dans le ciel, et le meilleur sera celui d'un nœud quelconque de la planète, et d'évaluer l'intervalle de temps écoulé entre deux passages consécutifs à ce même point. Si l'on veut obtenir un résultat rigoureux, il faudra rassembler plusieurs observations semblables, et en prendre la moyenne. Par cette recherche, on ne négligera pas le léger déplacement que l'écliptique subit dans le ciel.

Le mouvement moyen connu, il ne s'agit plus

que de déduire des observations le mouvement angulaire de la planète et les variations de sa distance à cet astre; et on y parvient au moyen des conjonctions et des oppositions.

Lorsqu'au moyen de ces données on trace l'orbite que chaque planète décrit, on reconnaît *qu'elles font toutes des ellipses dont le soleil occupe un des foyers.*

Leur rayon vecteur décrit autour de ce point des aires proportionnelles au temps.

Enfin, la comparaison des dimensions des orbites, et du temps de révolution, fit découvrir à Képler le rapport suivant : *les carrés des temps des révolutions sont entre eux comme les cubes des grands axes.* Ainsi, Mars emploie 687 jours à faire sa révolution; celle de la terre est d'environ 365 jours, tandis que sa distance moyenne est de 34 millions de lieues à peu près; on obtiendra celle de Mars en établissant la proposition suivante : le carré de 365 est contenu dans celui de 687, comme le cube de 34 millions est contenu dans le cube de la distance de Mars au soleil.

Cette loi, vérifiée pour toutes les planètes, fut trouvée tellement exacte par tous les astronomes, qu'ils n'hésitèrent pas à conclure les distances

des planètes au soleil, d'après la durée des révolutions sidérales, que l'on peut toujours évaluer avec précision d'après les retours de chaque
planète au même nœud de son orbite, tandis
qu'il est extrêmement difficile de calculer les rapports des distances des planètes au soleil.

Les trois lois que nous venons de faire connaître ont été nommées lois de Képler, afin
d'immortaliser le nom de ce génie illustre, qui
sut, par le seul sentiment des rapports, dévoiler
les trois vérités fondamentales de l'astronomie,
et desquelles Newton déduisit, comme simple
conséquence, cette loi générale de l'attraction,
base de la physique actuelle.

D'après ce que nous avons avancé plus haut,
on voit que, pour arriver à la connaissance des
mouvemens elliptiques des planètes, il faut pour
chacune d'elles posséder les sept données suivantes, dont deux déterminent la position de
l'orbite : ce sont la longitude du nœud sur l'é-
cliptique, et l'inclinaison de l'orbe sur ce plan,
ou l'angle qu'ils forment entre eux. Les autres
ont rapport au mouvement dans l'orbite même;
ce sont : 1°. la durée de la révolution sidérale,
ou le temps qui s'écoule pendant que la planète
décrit 360°; 2". le demi-grand axe de l'orbite,

ou la distance moyenne de la planète au soleil ;
3₀. l'excentricité, ou la partie du grand axe
comprise entre le centre et le foyer ; 4°. la longitude moyenne de la planète à une époque déterminée ; 5°. la longitude du périhélie à la
même époque.

Stations et rétrogradations des planètes.

Les planètes vues de la terre présentent dans
leurs mouvemens des irrégularités extrêmement
singulières , et qui semblent contrarier une loi
générale que nous avons avancée touchant la
direction du mouvement de tout le système planétaire d'occident en orient, ou de droite à gauche. Ainsi , lorsque nous examinons Mercure au
moment où il paraît écarté du soleil, nous le
voyons se diriger d'occident en orient , et son
mouvement est *direct ;* mais plus tard , s'il vient
s'interposer entre le soleil et notre globe, ce
mouvement s'opère dans un sens contraire, il
est *rétrograde.* Enfin , dans le passage du premier mouvement au second, cette planète semble perdre peu à peu sa vitesse ; elle demeure
quelque temps stationnaire, puis reprend cette
direction rétrograde dont nous venons de parler.
On a distingué ces phénomènes si bizarres par

les noms de *stations* et de *rétrogradations* des
planètes, d'après les apparences qu'elles nous
présentent. Ils embarrassaient beaucoup les anciens, qui regardaient la terre comme centre
des mouvemens planétaires. Comment, en effet,
dans cette supposition, expliquer ces faits? Encore, s'ils eussent été particuliers à une ou deux
planètes seulement, on aurait pu les considérer
comme des anomalies pour chacune d'elles;
mais il n'en est point ainsi; toutes les présentent
à un degré plus ou moins grand : aussi la difficulté est-elle restée insurmontable, et aucun n'a
pu la résoudre. C'est cette raison qui engagea
Copernic à donner à la terre sa véritable posi--
tion en lui assignant, comme à toutes les planètes, une révolution périodique autour du soleil.
Dans cette nouvelle hypothèse, toutes les difficultés s'aplanissent, et le phénomène devient de
la plus grande simplicité. En effet, les planètes
circulant autour du soleil, avec une rapidité
d'autant plus grande qu'elles en sont plus rapprochées, il devra arriver une époque où la
terre se trouvant placée par rapport à une autre
planète qui tourne moins vite, celle-ci paraîtra
exécuter un mouvement direct, comme cela est
réellement; mais si peu à peu la terre, en vertu

de sa plus grande vitesse, en approche davantage, par la même erreur que nous avons déjà
signalée tant de fois, l'observateur placé à la
surface du globe, considérant comme réel le
mouvement apparent, elle devra paraître se ralentir successivement de plus en plus, puis demeurer stationnaire. Enfin, lorsque la terre l'aura
devancée, elle semblera rétrograder d'autant plus
que la translation de la terre sera plus prompte.
Les mêmes apparences se reproduisent absolument lorsque deux bateaux se meuvent inégale-
ment sur un même courant. Si le plus lent est
placé en avant, il devra paraître à l'observateur
qui occupe l'autre, se mouvant d'abord dans le
même sens que lui; mais peu à peu, lorsque la
distance qui les sépare diminue, son mouvement
s'affaiblira aussi graduellement, deviendra nul
et ensuite rétrograde, lorsque, par l'excès de sa
vitesse, l'autre l'aura dépassé. Il suffira donc,
pour se rendre compte des stations et des rétrogradations des planètes, de connaître la différence des vitesses des planètes par rapport à la
terre. Il est clair d'ailleurs que les planètes supérieures paraîtront rétrogrades dans leurs oppositions, et directes dans leurs conjonctions, tandis que les planètes inférieures seront directes

dans la conjonction supérieure, et rétrogrades
dans la conjonction inférieure, c'est-à-dire, lorsqu'elles se placent entre le soleil et la terre.

Des Étoiles fixes.

Au-delà de notre système planétaire, qui nous
semble occuper une étendue si immense dans
l'univers, existent d'autres corps lumineux que
nous voyons semés de toutes parts dans la voûte
céleste, à laquelle ils paraissent tous fixés à des
profondeurs égales. Ce sont *les étoiles fixes,* ainsi
appelées, parce que les anciens croyaient qu'elles
ne changeaient jamais de position respective;
mais, quoique leurs mouvemens soient très lents
et presque imperceptibles, cependant les observations modernes, et surtout celles d'Herschell,
attestent que les relations mutuelles de plusieurs
d'entre elles ont changé d'une manière sensible.

Il n'y a pas de sujet plus propre à nous faire
concevoir l'immensité infinie de l'espace, que
l'étude de ces points lumineux ; nous savons déjà
que si la parallaxe annuelle de ces astres était
seulement d'une seconde, ce qui suppose une
distance de plus de 5,000,000,000,000 de lieues,
nous pourrions mesurer leurs volumes; et cependant Bradley, dont les recherches assidues

avaient pour objet la détermination de cette parallaxe, ne put jamais parvenir à la saisir, lors
même qu'il choisissait les étoiles les plus lumineuses et les plus grandes en apparence. Et qui
ne demeurera encore plus étonné, lorsqu'il saura
que la base sur laquelle il appuyait ses observations était celle du diamètre de l'orbite terrestre
de plus de 70,000,000 de lieues de longueur?

On divise les étoiles en plusieurs classes, à
raison de leur éclat : les plus brillantes sont
celles de la première grandeur, tandis que les autres sont de la seconde, de la troisième, ainsi de
suite jusqu'à la douzième. On n'aperçoit à la vue
simple que les six premières grandeurs, et il est
besoin d'un télescope pour voir les autres ; aussi
les a-t-on appelées *télescopiques*. Le nombre des
étoiles paraît extrêmement considérable, d'autant plus que l'on se sert d'une lunette plus parfaite ; à l'œil nu, lorsqu'on examine le ciel dans
une belle nuit, on croirait apercevoir des millions d'étoiles ; mais réellement on pourrait à
peine en compter 12 ou 1300 dans chaque hémisphère céleste, et c'était en effet le nombre
que les anciens connaissaient. Mais, si l'on a
recours aux télescopes, on découvre une multitude innombrable de petites étoiles qui échap-

pent à la vue simple. Lalande en a observé 50,000;
et Herschell estime en avoir vu 44,000 dans un
espace de 8° de longueur sur 3° de largeur, ce
qui en supposerait à peu près 75,000,000 dans
le ciel entier.

La distribution des étoiles dans le ciel ne paraît point faite au hasard, elle semble s'être
combinée de manière à former des systèmes plus
ou moins compliqués; c'est à cet arrangement
particulier que les anciens ont donné le nom de
constellation; ce sont des groupes ou amas d'é-
toiles de toute grandeur, que l'on peut lier entre
elles à l'aide de triangles, de carrés, etc., et
auxquels les anciens avaient assigné des noms
d'hommes et d'animaux. Hipparque, qui nous a
transmis un catalogue général des étoiles, telles
qu'on les considérait de son temps, compte
48 constellations : 12 dans le zodiaque, 21 au
nord et 15 au midi; et ici nous ferons remarquer
qu'il faut bien se garder de confondre les constellations du zodiaque avec les signes de la zone
de ce nom, quoiqu'ils aient les mêmes dénominations. Ceux-là en effet occupent dans l'écliptique des espaces d'une longueur déterminée, qui
est de 30° pour chacun d'eux, tandis que celles-ci
sont, au contraire, parsemées, dans la voûte cé-

leste, dans des régions d'étendue très variable.
La constellation du Bélier se trouvait, il y a
2,000 ans, dans le signe qui porte le même nom,
ou dans la première partie de l'écliptique ; mais
l'équinoxe du printemps rétrogradant chaque
année d'environ 50″, le soleil est maintenant
dans la constellation des Poissons, quand il
coupe l'équateur pour s'élever au-dessus de ce
grand cercle. A l'époque actuelle, le nombre des
constellations doit nécessairement être augmenté.
Nous avons fait connaître la situation de chaque
étoile dans le ciel ; nous n'y reviendrons pas ;
nous donnerons seulement l'idée du mode de
désignation employé pour distinguer les différentes étoiles de chaque constellation. La plus
considérable est indiquée par la lettre A, les autres sont marquées d'après la méthode employée
par Jean Bayer, dans les Cartes célestes qu'il
publia ; elle consiste à désigner chacune d'elles
dans l'ordre de leur grandeur, par les lettres de
l'alphabet grec, en commençant par α pour la
principale, β pour la seconde, etc. Si le nombre
des lettres de l'alphabet grec ne suffit pas, on se
sert des lettres romaines, et même des nombres
ordinaux 1, 2, 3, etc. Cette dénomination a été
suivie par tous les astronomes modernes.

Le tableau suivant contient les noms des constellations, et le nombre des étoiles comprises
dans chacune d'elles.

Voyez, pour les constellations boréales, la
Carte polaire jointe à ce Manuel, carte que nous
empruntons à l'*Uranographie* de M. Francœur.

Constellations boréales des anciens.

La petite Ourse. 22
La grande Ourse 87
Le Dragon. 85
Céphée. 58
Le Bouvier 70
La Couronne. 33
Hercule. 128
La Lyre. 21
Le Cygne 85
Cassiopée. 60
Persée 65
Le Cocher. 69
Ophiucus, ou le Serpentaire. 65
Le Serpent 61
L'Aigle, ou le Vautour volant. 26
Le Dauphin. 19
Le petit Cheval. 10
Pégase, ou le grand Cheval. 91

Constellations boréales des modernes.

Constellations zodiacales.

Constellations australes des anciens.

Constellations australes des modernes.

Les étoiles ne se montrent pas toujours à
nous avec les mêmes apparences : elles sont sujettes à des variations, quelquefois subites,
d'autres fois périodiques, dans leur éclat et dans
leur couleur. Il en est qui apparaissent tout à
coup étincelantes de la plus vive lumière, et qui
deviennent peu à peu invisibles. La plus fa-
meuse en ce genre est celle que Tycho-Brahé découvrit en 1572, dans la constellation de Cassiopée; cet astre, d'une forme parfaitement arrondie, égalait en splendeur Vénus et Jupiter; il
demeurait visible, même pendant le jour. Sa lumière s'éteignit ensuite par degrés, après avoir
excité pendant quinze ou seize mois l'admiration de tous les observateurs. Sa couleur éprouva
pendant cet espace de temps des changemens
très remarquables; elle devint d'abord d'un blanc
éclatant comme Vénus; ensuite d'un jaune rougeâtre comme Mars, et enfin d'un blanc plombé

comme Saturne. Une autre étoile , qui parut subitement en 1604 , dans la constellation du Serpentaire , offrit les mêmes variations, et dispa-
rut de même après quelques mois. Le plus souvent ces variations des étoiles ne sont point
aussi irrégulières, elles suivent , pour chacune
d'elles, certaines périodes , pendant lesquelles
on voit leur lumière augmenter, puis décroître
tour à tour. On les appelle, pour cette raison,
étoiles changeantes.

Diverses hypothèses ont été avancées pour
expliquer des changemens si singuliers. Les uns
ont pensé que la surface du globe des étoiles
était parsemée de taches qui , par l'effet de la
rotation sur l'axe , étaient successivement tournées vers nous; d'autres ont prétendu que le
globe était aplati , et devenait moins lumineux
dans certaines circonstances : quelques autres,
enfin , ont supposé que des corps planétaires,
circulant autour de ces nouveaux soleils, venaient s'interposer entre nous et les étoiles , et
nous dérobaient ainsi leur lumière; mais il est
aisé de concevoir qu'il est impossible de décider
laquelle de ces hypothèses est la véritable; c'est
au temps à résoudre la question, si toutefois on
y parvient jamais.

Le meilleur moyen d'apprécier les divers
changemens qui se manifestent dans les étoiles
consiste à les comparer entre elles avec celles
dont elles sont le plus voisines; et en enchaînant
ainsi tous ces divers corps entre eux, on pourra
parvenir à des résultats bien préférables à ceux
des anciens astronomes, qui n'établissaient la différence des étoiles que d'après des apparences
de grandeur toujours très sujettes à varier, et
sur lesquelles, d'ailleurs, il est extrêmement difficile de ne pas se tromper.

On aperçoit dans plusieurs parties de la sphère
céleste, au moyen du télescope, de petites blan-
cheurs qui ne répandent qu'une lueur très
faible : ce sont les *nébuleuses ;* en les observant
avec un télescope très puissant, on y découvre
un multitude de petites étoiles très rapprochées
les unes des autres, et qui, en confondant leur
lumière, donnent lieu à cette teinte terne et blanchâtre dont nous venons de parler. La voie lactée est une zone irrégulière, blanchâtre, qui paraît composée d'un grand nombre de nébuleuses
semblables.

Elle coupe l'écliptique auprès des points solsticiaux, et s'en écarte d'environ 60° vers le
nord et vers le midi; on y voit, avec de forts

télescopes, une quantité considérable de petites
étoiles qui offrent l'apparence d'une lumière
continue : Herschell en a remarqué 50,000 dans
un espace de 15° de longueur sur 2° de largeur.

La vivacité de la lumière des étoiles et leur
distance prodigieuse ont conduit la plupart des
astronomes à regarder tous ces corps étincelans par eux-mêmes, comme des centres
autour desquels circulaient probablement des
systèmes planétaires entièrement inperceptibles
pour nous. Peut-être aussi, et cette supposition
ne paraîtra pas dépourvue de probabilité, depuis
que nous avons envisagé la variété infinie des
phénomènes qui nous apparaissent dans la voûte
immense qui domine nos têtes, ces centres, qui
entraînent avec eux dans l'espace leurs satellites
planétaires, ne sont-ils eux-mêmes que des satellites soumis aux lois que leur imposent d'autres
centres plus puissans ; et qui sait si, en assignant
même ces limites, notre esprit ne demeure pas
au-dessous de la vérité ? N'est-ce pas là le cas de
répéter avec la précision poétique de Pascal,
cette pensée qui représente si bien l'étendue de
l'univers : C'est une sphère infinie dont le centre
est partout, et la circonférence nulle part.

Les étoiles nous offrent en général un phéno-

mène particulier qui les distingue des planètes :
c'est une sorte de tremblement continuel dans
leur lumière, auquel on a donné le nom de
scintillation. On attribuait autrefois ce phénomène aux mouvemens de petits corps suspendus
dans l'air, qui, en passant entre l'œil et les
étoiles, interceptaient leur lumière : on s'appuyait du témoignage de quelques voyageurs,
qui assuraient que les étoiles n'étincelaient pas
dans les contrées où l'air pur et tranquille ne
contient pas de substances étrangères. Mais
ces explications ont été rejetées avec raison. On
pense maintenant que la cause de cette scintillation est due à la différence de densité des couches atmosphériques, d'où résulte une succession
rapide de condensations et de raréfactions dans
les ondulations de la lumière, et qui détermine
sur cet agent l'impression particulière que nous
venons d'indiquer : on s'appuie pour confirmer
cette opinion sur ce que la scintillation est plus
grande à l'horizon, et diminue successivement
jusqu'au zénith, où elle est nulle. Mais il restera
toujours à savoir pourquoi ce phénomène n'a
pas lieu pour les planètes, qui sont bien au-delà
de notre atmosphère.

Des Comètes.

Les *comètes* ont été long-temps l'objet de la frayeur des anciens, qui attribuaient à leur présence le présage des plus grands malheurs, et qui les regardaient comme des météores engendrés dans les atmosphères différentes de la nôtre. Ces astres se montrent en effet sous des apparences extrêmement variables, et qui, dans quelques circonstances, peuvent produire sur les hommes qui n'ont jamais été témoins d'un spectacle semblable, des mouvemens de crainte et de frayeur. Tantôt on les voit apparaître subitement dans une certaine région du ciel ; peu à peu elles s'avancent vers nous avec un mouvement de plus en plus rapide ; l'éclat de leur lumière s'accroît, leurs dimensions augmentent, et en même temps se développent ces *longues queues ou chevelures lumineuses*, d'une longueur quelquefois extraordinaire. Enfin, peu à peu leur vitesse et leur éclat diminuent de la même manière, et elles vont se perdre dans des régions du ciel excessivement éloignées. Tantôt elles se montrent soudainement, demeurent stationnaires pendant quelque temps, puis tout à coup parcourent le ciel avec une vitesse considérable, et disparais-

sent instantanément ; d'autres fois, enfin, leur lumière est très faible, elles n'offrent point ces
traînées si singulières, d'où leur vient le nom de
comète, et sont à peine visibles à cause de leur
petitesse. La direction de leurs mouvemens n'est
pas toujours la même ; quelquefois elle est d'occident en orient, d'autres fois elle s'écarte de cette
loi générale, et est en sens contraire.

On a cru pendant long-temps que ces astres
avaient une marche très irrégulière, et n'étaient
point assujettis aux lois constantes qui se manifestent dans tout le système planétaire. Mais les découvertes de Képler ayant fait douter de cette
opinion, on a cherché à déterminer quelle était
la courbe qu'ils pouvaient décrire. Supposons,
a-t-on dit, que les comètes parcourent des ellipses très allongées, dont le soleil occupe un
des foyers ; en suivant les lois de Képler, il suffira, pour calculer la courbure de ces ellipses,
de connaître trois positions de ces astres. C'est à
l'aide de cette méthode que l'on a pu fixer l'ellipse de plusieurs de ces comètes, et leurs observations se sont trouvées parfaitement repré-
sentées. On a donc pu ainsi déterminer avec
précision les mouvemens auxquels elles sont
soumises. Cependant, il est vrai de dire que,

19

malgré toutes ces connaissances, il est encore
impossible d'assigner exactement l'époque du
retour des comètes. Il n'y en a guère qu'une ou
deux dont on soit presque sûr de connaître la
marche. En effet, la plupart des élémens nécessaires pour arriver à des déterminations rigou-
reuses, la position du plan de l'ellipse relativement à l'écliptique, son périhélie, la mesure
exacte de la distance au soleil, etc., ont été né-
gligés par les anciens astronomes, en sorte qu'il
est presque impossible de savoir si réellement il
y a conformité entre deux observations.

On s'est demandé quel pourrait être le grand
axe de ces ellipses excessivement allongées. Mais
il sera toujours impossible de l'obtenir, parce
que nos observations ne nous permettent de mesurer qu'un très petit arc de l'orbite, et même il
est si facile de se tromper dans l'appréciation des
divers élémens nécessaires dont nous venons de
parler, à cause des changemens que peuvent
éprouver les comètes dans leurs apparitions suc-
cessives, et à cause de la difficulté même de fixer
les points précis qu'elles occupent dans le ciel,
en raison de ces nuages lumineux dont elles sont
enveloppées, qu'il faudra sans doute attendre un
grand nombre d'années pour établir positive-

ment le temps de la révolution de ceux de ces
astres qui se montrent à nous à des époques assez
rapprochées. Il est même probable que quelques
unes se meuvent dans des courbes ouvertes,
qu'elles décrivent des *paraboles*, dont le soleil
occupe le foyer, et ne reviennent jamais vers
nous. On conçoit en effet que leur vitesse prodigieuse, lorsqu'elles arrivent à leur périhélie,
seule partie du ciel où elles soient visibles pour
nous, doit s'affaiblir tellement lorsqu'elles atteignent l'extrémité opposée de leur orbite,
qu'elles peuvent demeurer des siècles entiers
éloignées de nos yeux; et si l'on considère en
outre qu'il est des circonstances où elles peuvent
rester complétement invisibles, on sentira combien il doit être difficile de prédire leur retour.

Halley est celui qui a le mieux réussi à cet
égard : il calcula, en 1682, les élémens parabo-
liques d'une comète qui parut à cette époque.
En comparant ses résultats à ceux que Képler
avait obtenus pour une comète qui s'était mon-
trée en 1607, il fut frappé de leur analogie : il
remonta aux observations de ses prédécesseurs,
et reconnut qu'en 1531 et en 1546, les élémens
des comètes dont l'apparition s'était faite à ces
époques, ressemblaient beaucoup aux siens ; il

ne douta plus alors que ce ne fût la même comète qui avait accompli ainsi sa révolution dans
des intervalles de temps à peu près égaux, et il
se hasarda à prédire qu'elle reparaîtrait en 1757;
mais Clairaut ayant calculé qu'elle serait retardée
de 618 jours dans son cours, par l'action de Jupiter et de Saturne, elle n'arriva en effet que vers
le 12 mars 1759. Cette comète accomplirait donc
sa révolution en 75 ans et demi environ. Un ma-
thématicien a déterminé que son apparition se
ferait de nouveau le 24 septembre 1836.

On est moins avancé sur la nature des comètes, et on n'a sur ce sujet que des notions
vagues. On a remarqué, en général, qu'elles
étaient formées d'un noyau quelquefois obscur,
d'autres fois, dit-on, transparent, mais toujours
enveloppé de nuages lumineux assez variables
pour l'éclat, et se prolongeant en traînées vapo-
reuses d'une rareté extrême, à travers lesquelles
on peut apercevoir les étoiles et les planètes. Le
volume et l'éclat de ces astres éprouvent des variations très considérables. Les plus remarquables
ont paru en 837, 1106, 1456, 1618, 1680,
1759, 1769, et 1811. Celle de 1744 avait six
queues disposées en éventail; d'autres fois on
n'en aperçoit pas du tout.

Ces comètes sont-elles lumineuses par elles-mêmes? Si l'on s'en rapportait aux observations des astronomes, on pourrait répondre oui et non. Les uns, en effet, prétendent avoir aperçu les étoiles à travers le noyau lui-même, ce qui est peu probable ; d'autres ont signalé des phases dans ces astres plusieurs fois; il semblerait donc que cette dernière opinion dût prévaloir, et elle est en effet la plus généralement adoptée.

Quelle est la cause physique d'où résulte la queue des comètes ? Beaucoup d'explications ont été proposées sur cette matière : Képler avait attribué à l'impulsion des rayons solaires cette prolongation de la substance rare qui entoure le noyau en vapeurs lumineuses; mais, avant d'admettre cette opinion, il faudrait d'abord rechercher si les rayons solaires ont une force d'impulsion sensible. Des expériences furent faites à ce sujet par Dufay, au moyen d'un fil d'araignée qu'il avait tendu légèrement, et il constata que le mouvement du fil n'avait lieu que lorsqu'il était dans l'atmosphère, parce que celui-ci s'échauffant par le passage des rayons solaires, l'air devenait agité ; mais si on plaçait le fil dans le vide, rien de semblable n'avait lieu, et le fil demeurait parfaitement tranquille. Le manque

d'expérience positive propre à faire croire que
les rayons solaires aient une force d'impulsion
sensible, doit donc éloigner de l'opinion de Képler, qui aurait pu sembler d'autant plus probable que, par une singularité assez remarquable,
la queue des comètes n'est jamais dirigée vers le
soleil.

D'autres auteurs, considérant l'agrandisse-
ment successif de la queue de la comète, à mesure qu'elle s'approchait davantage du soleil, ont
pensé que la chaleur devenant de plus en plus
forte, le noyau s'échauffait à un tel point, qu'il
devait perdre sa solidité, et s'évaporer en partie ou même en totalité; ce qui rendait raison
de l'apparition de quelques comètes dans lesquelles on n'a point découvert de noyau. On a
vu, en effet, quelques uns de ces corps arriver
tellement près du soleil, qu'il est possible de
concevoir que la chaleur qui leur fut communi-
quée était assez considérable pour les vaporiser
en entier. Telle fut celle de 1688, qui, dans son
périhélie, se trouva à une distance 166 fois
moindre du soleil que nous, et qui dut éprouver,
de la part de cet astre, une chaleur 27,556 fois
plus grande que celle que la terre en reçoit; élévation de température énorme, puisqu'elle sur-

passe de plusieurs milliers de fois celle du fer en fusion.

Cette manière de concevoir la formation de la chevelure lumineuse des comètes s'accorde très bien avec les observations de M. Chladni, faites en 1811 : ce physicien y reconnut une ébullition prodigieuse. L'ondulation, dans celle de 1811, se portait de 2 à 3″ de la comète au bout de la queue, trajet de 4 millions de lieues. Qui pourrait concevoir une rapidité aussi effrayante?

Quelques personnes ont pensé que les comètes pourraient, en passant près de la terre, l'envelopper dans la matière nébuleuse qu'elles entraînent avec elles. Elles citaient, à ce sujet, un brouillard qui, en 1783, s'étendit depuis les côtes d'Afrique jusqu'en Norwége ; il était extrêmement dense, très sec, n'affectant en aucune façon l'hygromètre : il persista pendant six semaines, et ne fut dissipé ni par des pluies abondantes ni par des vents très forts qui régnèrent pendant ce temps. A cent lieues des côtes de France, ce brouillard n'existait plus ; si ce brouillard eût été la queue d'une comète, tous les points de la terre compris entre les parallèles auraient dû y participer pendant la rotation sur son axe : or, on n'aperçut rien de semblable ; la conclusion n'était donc pas juste. Quoique les probabilités contre la rencontre d'une comète avec la terre soient si multipliées que ce serait une crainte tout-à-fait puérile de s'en tourmenter, cependant la chose *peut* arriver, et quelques auteurs ont même pensé qu'une rencontre semblable avait autrefois déterminé ce déluge universel qui bouleversa toute la surface de notre globe.

Ce ne sera pas sans intérêt que nos lecteurs liront ce qu'a si bien exprimé sur ce sujet l'auteur de la Mécanique céleste (Système du monde).

Il est facile de se représenter les effets du choc de la terre par une comète : l'axe et le mouvement de rotation changés, les mers abandonnant leur ancienne position pour se précipiter vers le nouvel équateur, une grande partie des hommes et des animaux noyés dans ce déluge universel, ou détruits par la violente secousse imprimée au globe terrestre ; des espèces entières anéanties ; tous les monumens de l'industrie humaine renversés : tels sont les désastres que le choc d'une comète a dû produire. On voit alors pourquoi l'Océan a recouvert de hautes montagnes sur lesquelles il a laissé les marques incontestables de son séjour ; on voit comment les animaux et les plantes du midi ont pu exister dans les climats du nord, où l'on retrouve leurs dépouilles et leurs empreintes. Enfin, on explique la nouveauté du monde moral, dont les monumens ne remontent guère au-delà de 5,000 ans. L'espèce humaine, réduite à un petit nombre d'individus et à l'état le plus déplorable, uniquement occupée, pendant très long-temps, du soin de se conserver, a dû perdre entièrement le souvenir des sciences et des arts; et quand les progrès de la civilisation eurent fait sentir de nouveau ses besoins, il a fallu tout recommencer comme si les hommes eussent été placés nouvellement sur la terre.

Quoi qu'il en soit de cette cause, alléguée par quelques philosophes à ces phénomènes, je le répète, on doit être parfaitement rassuré sur un aussi terrible événement, pendant le court intervalle de la vie. Mais l'homme est tellement disposé à recevoir l'impression de la crainte, que l'on a vu, en 1773, la plus vive frayeur se répandre dans Paris, et de là se communiquer à toute la France, sur la simple annonce d'un mémoire dans lequel Lalande déterminait celle des comètes observées qui peuvent le plus approcher de la terre, tant il est vrai que les er-

reurs, les superstitions, les vaines terreurs et
tous les maux qu'entraîne l'ignorance, se re-
produiraient promptement si la lumière des
sciences venait à s'éteindre.

Attraction universelle.

Les trois faits généraux de Képler venaient
de mettre l'astronomie au rang des sciences positives les plus avancées, et avaient dévoilé aux
hommes cette harmonie admirable établie entre
tous les mouvemens célestes; mais cette même
harmonie faisait trop bien sentir qu'une cause
unique avait dû présider à des rapports aussi
merveilleux: tous les esprits éprouvaient de plus
en plus le besoin de connaître ce principe universel, Newton seul eut la gloire d'y parvenir.
La postérité a déjà fait éclater toute sa recon-
naissance à l'égard de cet homme de génie, qui,
à force de méditations profondes, et à force de
calculs savans, arriva à enchaîner, par une loi
universelle, ces actions mutuelles qui sollicitent
les uns vers les autres ces globes immenses qui
nagent dans les espaces célestes, et chacune des
particules infiniment petites qui les composent.
Enfin, ce qui nous fera mieux juger de la haute
importance de cette découverte, c'est qu'il n'y a

point de perturbations, d'écarts, quelque légers
qu'ils soient, dans les mouvemens des corps célestes, qu'elle ne puisse nous faire apprécier
avec la précision la plus rigoureuse.

Il nous serait impossible d'entrer ici dans
tous les détails sur la manière dont l'immortel
Newton parvint à établir cette cause générale ;
cette matière, trop compliquée de calculs, ne
peut être comprise que par les mathématiciens
les plus habiles ; nous exposerons seulement les
conséquences qu'il déduisit de chacune des lois
de Képler.

Les aires décrites par les rayons vecteurs
des planètes dans leur mouvement autour du
soleil, étant proportionnelles au temps, il en
résulte, d'après le calcul, *que la force qui sollicite les planètes est dirigée vers le centre du
soleil.*

Les orbes des planètes et des comètes sont,
avons-nous dit, des ellipses dont le soleil occupe un des foyers : il doit donc arriver qu'à
certaines époques les astres qui les parcourent
devront être plus ou moins rapprochés du soleil. Lorsqu'ils seront à leur périhélie, la force
centrifuge demeurant plus forte que la force
centrale ou centripète du soleil, la vitesse aug-

mentera, et ils s'éloigneront peu à peu : cependant la force attractive du soleil agissant sans cesse, retarde graduellement leur mouvement, qui devient extrêmement lent près de l'aphélie. A ce point, l'attraction, quoique très affaiblie par la distance, l'emporte cependant sur la force centrifuge, qui est alors à son minimum, et elle ramène en sens contraire vers le soleil les corps qui s'en étaient éloignés. Il suit de là, d'après calcul, *que la force qui anime les astres est en raison inverse du carré de la distance de leur centre à celui du soleil.*

Enfin, de ce que les carrés des temps des révolutions des planètes sont proportionnels aux cubes des grands axes de leurs orbites, on en déduit que la force qui sollicite les planètes et les comètes agit avec d'autant plus d'intensité qu'elles sont plus rapprochées du centre d'où elle émane : en sorte que si tous les corps célestes étaient situés à égale distance du soleil, ils se précipiteraient tous vers lui avec la même vitesse; et comme tous ont des masses différentes, on conçoit que, pour donner à une masse double la même vitesse, il faudrait lui imprimer une impulsion double : *la force est donc proportionnelle à la masse.*

De tout ce que nous venons de dire, il s'ensuit que le soleil est le centre d'une puissance
attractive, agissant dans tous les sens en raison
inverse du carré de la distance, proportionnellement aux masses, et faisant décrire aux planètes des courbes rentrantes.

Lorsqu'on compare les mouvemens des satellites autour de leurs planètes avec ceux des
planètes autour du soleil, on trouve la plus
grande analogie entre les phénomènes que chacun de ces systèmes de corps présente; les
mêmes lois se reproduisent exactement de la
même manière. Les planètes sont donc aussi le
centre d'une puissance analogue à celle du soleil. C'est, en effet, à l'aide de la pesanteur ou
de la force qui sollicite vers le centre de la
terre tous les corps qui occupent la surface du
globe, que Newton parvint à établir la loi générale que nous avons citée; il vit que tous les
corps tombaient à la surface de la terre de
15 pieds pendant la première seconde; si la pesanteur s'exerce en raison inverse du carré de la distance, à la distance de 60 rayons terrestres, l'attraction devra être 3600 fois moindre, et un corps
qui serait à une semblable hauteur ne devrait
tomber que de 15 pieds dans la première minute.

20

Tel fut, en effet, le résultat auquel Newton
arriva, en calculant l'attraction terrestre qui sollicite le globe lunaire, dont la distance est précisément celle que nous venons d'indiquer.

Cette puissance, qui entraîne vers un centre
commun les objets environnans, n'est donc point
une propriété particulière au soleil. Les résultats
précédens nous conduisent à l'étendre à tous les
corps qui composent notre système planétaire;
et même, en poussant plus loin l'analogie, leur
figure, à peu près sphérique, peut déjà nous
faire présumer que chacune des particules qui
les composent est sollicitée à se ranger autour
de leur centre par une force qui les attire également à des distances égales, vérité que l'on
prouve très bien, et qu'il n'est pas de notre
sujet de développer. Ce principe universel, dû
au génie de Newton, *toutes les molécules de la
matière s'attirent mutuellement en raison directe
des masses, et réciproquement au carré des distances*, sera donc démontré pour nous.

Outre la force d'attraction, qui, si elle existait seule, tendrait à réunir en un seul point
tous les corps de l'univers, Newton a supposé
que les planètes et les comètes avaient reçu primitivement une impulsion en ligne droite qui

avait été modifiée par l'action attractive solaire,
de manière à faire décrire à ces astres une
courbe rentrante.

Des inégalités séculaires et périodiques.

Puisque, comme nous venons de l'indiquer,
tous les corps célestes sont doués d'une puissance attractive s'exerçant suivant les lois que
nous avons exposées, toutes les planètes devront, dans leurs mouvemens elliptiques, éprouver l'influence de ces forces qui varient en tous
sens dans les espaces célestes, et par conséquent
être soumises à des dérangemens dans la forme
de leurs orbites. On conçoit d'avance qu'ils ne
pourront guère être sensibles qu'au moment où
elles seront le plus rapprochées les unes des autres; c'est, en effet, ce qui a lieu, et ces perturbations, qui semblaient devoir être une ob-
jection contre la loi générale de la gravitation,
en ont au contraire confirmé d'une manière parfaite la justesse rigoureuse, et en sont le plus
beau triomphe, comme l'a si bien démontré
notre illustre Laplace.

Les astronomes ont regardé le principe de la
gravitation universelle comme si exact, que
toutes les fois que leurs observations ne s'ac-

cordaient pas avec les résultats du calcul, ils
aimaient mieux croire que l'erreur tenait à l'ou-
bli de quelques circonstances que d'infirmer la
doctrine de l'attraction ; et, en effet, tôt ou tard
on a fini par en reconnaître la cause.

Les irrégularités que l'on remarque dans les
mouvemens des planètes, et surtout des satellites, sont de deux sortes, et ont reçu le nom
d'*inégalités* ; les unes, *séculaires*, sont celles
qui se produisent avec une extrême lenteur, et
qui influent sur les élémens du mouvement elliptique lui-même ; les autres, *périodiques*, tiennent
aux relations qui s'établissent entre les planètes
par l'effet de leurs révolutions annuelles, et
qui ne se reproduisent qu'en certaines périodes
de durée variable. Toutes deux sont bien périodiques ; mais les premières ne reviennent
qu'après plusieurs milliers d'années, tandis que
les secondes peuvent avoir lieu assez fréquemment pendant un temps assez court.

Toutes les altérations réciproques des corps
planétaires ne causent que des dérangemens
d'une très petite étendue ; les inégalités séculaires, quoique altérant à la longue le mouvement, ne font cependant pas éprouver de variations à la distance au soleil, ou au mouvement

moyen; les ellipses seulement tendent à s'éloigner ou à se rapprocher de la forme circulaire :
leurs inclinaisons sur le plan de l'écliptique s'é-
cartent d'une très petite quantité, et les nœuds,
ainsi que les périhélies, sont sujets à un mouvement qui s'accomplit avec la plus grande lenteur. Quant aux inégalités périodiques, elles ne
sont qu'instantanées, et jamais considérables.

Le calcul a démontré que les inégalités ne
peuvent dépasser certaines limites; ainsi l'écliptique et l'équateur varient bien constamment
d'inclinaison, mais il est impossible que jamais
les plans viennent à coïncider; la variation de
l'angle ne peut aller au-delà de trois degrés.

Lorsque l'on veut évaluer les inégalités qui
affectent les mouvemens planétaires, on n'a point
égard aux influences des corps célestes éloignés,
qui ne peuvent être que très faibles; car sans
cela le calcul serait hérissé de difficultés insur-
montables : on se contente seulement de rechercher quels sont les écarts que font subir les
corps les plus rapprochés ou les plus puissans
par leurs masses. C'est ainsi, par exemple, que
l'on se contente, en cherchant à apprécier les
mouvemens de la lune, de tenir compte des
actions mutuelles de la lune, de la terre et du

soleil. C'est pour cette raison que la théorie de la lune a reçu le nom de *problème des trois corps.* Lorsque, au contraire, on dirige son attention sur la terre, il faut envisager successivement les influences du Soleil, de la Lune, de Vénus, de Mars, de Jupiter et de Saturne. De toutes les attractions réciproques que les corps de notre système planétaire exercent les unes sur les autres, il n'en est pas de plus remarquables que celles de Jupiter et de Saturne, dont les inégalités très sensibles ont été calculées par M. Laplace.

Nous nous bornerons ici à parler des inégalités de la lune et de la terre.

Inégalités de la lune et de la terre.

La lune, ainsi que nous l'avons vu précédemment, décrit autour de la terre une courbe elliptique dont celle-ci occupe un des foyers; elle devra donc, à diverses reprises, se trouver, tantôt plus rapprochée, tantôt plus éloignée de cet astre, et éprouver ainsi de sa part des attractions d'intensité variable, qui influeront sur la régularité de son mouvement.

C'est, en effet, ce que l'observation avait fait

découvrir, et ce que le calcul a su apprécier avec l'exactitude la plus minutieuse.

Lorsque, par exemple, elle se place entre le soleil et la terre, elle se trouve plus rapprochée du premier de ces astres que lorsqu'elle est placée dans la situation opposée; celui-ci devra donc accroître, par son attraction, sa distance à la terre. Lorsque, au contraire, elle aura atteint le point précisément opposé, et sera par conséquent en opposition, l'effet de la puissance attractive devra, au contraire, se manifester plus fortement sur notre globe, qui, à son tour, sera éloigné de son satellite. Dans les quadratures, l'action du soleil doit nécessairement être moins forte, et celle de la terre agit plus énergiquement; mais tous ces effets ne pourront avoir lieu sans que la vitesse de la lune éprouve des variations. On trouve, en effet, que cette vitesse diminue en passant de la conjonction à la première quadrature, et qu'elle augmente de la quadrature à l'opposition. Passé ce point, elle diminue jusqu'à la deuxième quadrature, puis augmente de nouveau, en revenant à la conjonction. Cette série d'inégalités a reçu le nom de *variation*.

La lune étant destinée à accompagner la

terre dans sa translation sur l'écliptique, tous
les phénomènes que nous venons de signaler
devront subir des modifications très variables
suivant que la distance de la terre au soleil
sera plus ou moins considérable : c'est à cette
sorte d'inégalités, qui se reproduisent périodi-
quement, que l'on a donné le nom d'*équation
annuelle*.

Les mouvemens des nœuds de l'orbe lunaire
et les variations de son inclinaison sur l'écliptique, sont des conséquences nécessaires de l'action du soleil. Lorsque la lune, en circulant
autour de la terre, se rapproche du plan de
l'écliptique, le soleil exerçant sur elle sa puissance attractive, tend à la faire descendre, et
avance ainsi le moment où elle doit atteindre le
plan de l'écliptique ; de là, le *mouvement rétrograde des nœuds*, qui s'accomplit sur l'écliptique
entier en dix-huit ans sept mois et demi environ,
et le changement d'inclinaison de l'orbite.

Les variations d'intensité de l'attraction de
la terre, lorsque la lune est périgée ou apogée,
en favorisant l'action du soleil sur la lune, déterminent ces dilatations et ces contractions al-
ternatives de l'orbe lunaire, et changent ainsi
son excentricité. Cette inégalité, que l'on dé-

signe sous le nom d'*évection*, peut monter jusqu'à $7^° \frac{2}{3}$.

Le principal phénomène que présentent ces
perturbations est celui qui a reçu le nom de
précession des équinoxes. Nous n'entreprendrons
point ici de faire comprendre à nos lecteurs
comment cet effet n'a lieu qu'à cause du renflement de notre équateur joint à l'attraction du
soleil et de la lune, nous nous bornerons à le
décrire. La *précession* est un terme par lequel
on exprime le mouvement presque insensible
d'orient en occident, ou contre l'ordre des signes de l'intersection des plans de l'équateur et
de l'écliptique. Si l'on considère comme invariable l'inclinaison de l'équateur sur l'écliptique,
qu'on sait être aujourd'hui de 23° 28′, les axes
de ces deux grands cercles formeront aussi un
angle constant de 23° 28′. Rendons immobile
l'axe de l'écliptique, et faisons tourner autour
de lui, et d'orient en occident, l'axe de l'équateur, c'est-à-dire l'axe de rotation de la terre
prolongé, il engendrera la surface de deux cônes
droits opposés au centre de la terre, ayant pour
axe celui de l'écliptique, et pour bases les cercles dont le diamètre est la corde qui sous-tend
un arc de deux fois 23° 28′, ou 46° 56′ du

cercle qui passe par les pôles de l'équateur et de l'écliptique. Admettons de plus, ainsi que l'observation et le calcul le démontrent, que cette révolution totale dure 25,867 années, ou, plus exactement, que, annuellement, l'axe du monde parcourt un arc de la base du cône, de la valeur moyenne de 50″,103. Il est évident que, par ce mouvement de révolution, l'axe de l'équateur, entraînant ce cercle dans son mouvement, la ligne des équinoxes devra rétrograder sur l'équateur de la même quantité que le pôle de l'équateur a rétrogradé sur la base du cône que nous avons imaginé. Telle est l'idée qu'on peut se former de la *précession*. Cette dénomination vient sans doute de ce que le point équinoxial ♈ rétrogradant tous les ans de 50″,103, le soleil, par son mouvement propre d'occident en orient, le rencontre plus tôt que le point du ciel auquel il correspondait à son passage précédent par l'équinoxe du printemps. En effet, il n'a eu à parcourir que 359° 59′9″,897. Cette différence, convertie en temps, donne 20′20″,04. C'est l'excès de l'année sidérale sur l'année tropique.

Lorsque les signes du zodiaque furent imaginés, le point équinoxial, le bélier, ♈ corres-

pondait à la constellation du Bélier; mais par
l'effet de la *précession*, ce point ayant rétrogradé
vers l'occident d'environ 3o°, ou un signe, la
constellation du Bélier est dans le signe des Poissons, et chacune des douze constellations se
trouve ainsi à un signe plus à l'occident que
celui dont elle porte le nom. Ainsi non seulement le signe du *Bélier,* ou d'Aries, qui, d'après
la convention adoptée par tous les astronomes,
répond toujours à l'équinoxe du printemps,
mais le *Cancer,* qui répond au solstice d'été, la
Balance à l'équinoxe d'automne, le Capricorne
au solstice d'hiver, ont rétrogradé d'un signe, et
arrivent dès-lors successivement dans les constellations des Poissons, des Gémeaux de la
Vierge et du Sagittaire. Il devient donc nécessaire, si l'on veut éviter la confusion, d'imposer
aux signes de nouvelles dénominations. Voyez
la proposition de M. Francœur, page 158 de
son *Uranographie,* d'adopter les noms des mois
du Calendrier républicain.

La terre, ainsi que la lune, éprouve, par
l'effet de l'action du soleil, des perturbations
qui servent à confirmer de plus en plus la vérité du principe de l'attraction tel que Newton
l'a émis. Il est encore une inégalité qu'on appelle

nutation, et qui résulte de l'influence que la lune exerce sur le sphéroïde terrestre. La *nutation* est un petit mouvement qu'on observe dans l'axe terrestre, en vertu duquel il s'incline, tantôt plus, tantôt moins, vers l'écliptique, c'est-à-dire qu'il s'éloigne de la circonférence du petit cercle qui sert de base au cône dont nous avons parlé à la précession, augmentant et diminuant successivement l'angle moyen des deux axes, et causant les mêmes variations dans l'inclinaison des plans de l'écliptique et de l'équateur.

Bradley est le premier qui ait observé ce mouvement ; on a déterminé que l'axe répond à divers points qui forment une petite ellipse autour du pôle moyen pris pour centre, dont le grand axe sous-tend un arc de la sphère céleste de 20″,153, et le petit axe 15″,001. Ce mouvement, en suivant celui des nœuds de la lune, s'accomplit en 19 ans environ, temps de la révolution complète de ces nœuds.

La période de la nutation étant précisément celle du mouvement des nœuds de la lune, il était naturel de penser que ces deux phénomènes étaient nécessairement liées l'un à l'autre ; c'est ce que le calcul a démontré. L'effet de ce balancement ne doit pas être confondu avec les variations de l'obliquité de l'écliptique dont nous allons parler.

Les deux inégalités que nous venons de signaler dans les mouvemens de la terre sont certainement les deux principales auxquelles elle elle est soumise; mais il en est encore une autre assez importante, et qui résulte de l'ensemble des attractions que les planètes réunies exercent également sur le globe, c'est le déplacement graduel du plan de l'écliptique dans le ciel, et la diminution, par siècle, de son inclinaison sur l'équateur d'une quantité égale ou à peu près égale à $52'',1154$ (environ le centième de la précession $\frac{1}{2}''$ par an, $1'$ après 115 ans, $1°$ en 6900 ans).

L'ensemble des observations recueillies par les plus anciens observateurs établit d'une manière positive la réalité de ce changement d'obliquité, et l'analyse mathématique la plus sévère est encore venue ajouter à sa confirmation. On reconnaît encore les effets de cette diminution en comparant les situations des étoiles, relativement à l'écliptique, à des époques très éloignées. On peut s'en assurer surtout pour les étoiles voisines des solstices d'été et d'hiver.

Celles qui étaient autrefois au nord de l'écliptique près du solstice d'été, sont maintenant plus avancées vers le nord en s'éloignant de ce plan : au contraire, celles qui, suivant le témoignage des anciens astronomes, étaient autrefois situées au midi de l'écliptique près du solstice d'été, se sont rapprochées de ce plan, et quelques unes s'y trouvent maintenant comprises, et l'ont même dépassé en se portant vers le nord. Des changemens inverses ont eu lieu vers le solstice d'hiver. Toutes les étoiles participent à ces mouvemens, mais diversement, et d'autant moins qu'elles sont plus voisines de la ligne des équinoxes. Hipparque est le premier qui ait observé ces déplacemens des étoiles par rapport aux équinoxes; mais, dans sa théorie, se fiant toujours aux apparences, il rapportait ce mouvement aux étoiles, au lieu de le supposer au plan de l'écliptique, comme cela est réellement.

M. Laplace, à qui nous devons les calculs qui ont établi ces résultats, a démontré que cette diminution d'obliquité de l'écliptique n'irait pas toujours en augmentant; selon lui, une époque viendra, à laquelle ce mouvement commencera à se ralentir, puis il s'arrêtera entièrement, et ensuite recommencera dans un sens contraire. Il

s'éloignera graduellement du plan de l'équateur,
et il en résultera un balancement dont les limites, très peu étendues, n'iront guère au-delà
de 1 à 3°. C'est ainsi que se sont évanouies ces
espérances si flatteuses d'un printemps perpétuel.

C'est à cette variation d'obliquité dans le plan
de l'écliptique, que l'on attribue le déplacement,
par rapport au soleil, d'un puits qui existait
autrefois dans la ville de Syène en Égypte, et
qui était devenu célèbre par les observations
d'Ératosthènes, de Strabon et de Ptolémée. Syène,
qui, d'après ces astronomes, se trouvait jadis sous
le tropique, en est maintenant assez éloignée, et
le bord même du soleil, qui autrefois donnait
en entier dans le fond du puits au moment du
solstice, l'atteint à peine maintenant.

Enfin, les dernières perturbations qui se rencontrent dans le mouvement de la terre sont
celles que déterminent ses rapports avec la Lune,
Vénus, Mars, Jupiter et Saturne, et en vertu
desquelles elle dépasse, tantôt en dedans, tantôt
en dehors, l'ellipse exacte qu'elle est censée parcourir. Il en résulte, dans les rayons vecteurs
et dans la longitude, des variations; mais elles
sont très légères.

Des Marées.

C'est ici le lieu d'expliquer un phénomène qui a été le sujet d'un grand nombre d'hypothèses : je veux parler de ces oscillations régulières et périodiques qu'on observe dans les eaux de la mer, et qui portent le nom de *marées*. Les eaux de la mer jouissent d'une mobilité qui les fait céder facilement aux plus légères impressions ; l'océan est ouvert de toutes parts, et les grandes mers communiquent entre elles : ces circonstances contribuent à la production des marées, qui ont principalement pour cause l'action combinée du soleil et de la lune. Considérons d'abord la seule action de la lune sur la mer, et supposons cet astre dans le plan de l'équateur. Il est évident que si la lune imprimait des forces égales et parallèles au centre de gravité de la terre, et à toutes les molécules de la mer, le système entier du sphéroïde terrestre et des eaux qui le recouvrent serait animé d'un mouvement commun, et l'équilibre des eaux ne souffrirait aucune atteinte. Cet équilibre n'est donc troublé que par l'inégalité de leurs directions. La lune exerce, sur les molécules de la mer qui sont en quadra-

ture avec elle, une action oblique, qui conséquemment se décompose; elle augmente ainsi
leur pesanteur vers la terre, tandis qu'elle diminue celle des molécules qui lui répondent directement : il faut donc, pour qu'il y ait équilibre dans les molécules de la mer, que les eaux
s'élèvent sous la lune, afin que l'excès de pesanteur des molécules en quadrature soit compensé
par la plus grande hauteur de la mer vis-à-vis
la lune. Les molécules de la mer situées dans le
point correspondant de l'hémisphère opposé,
moins attirées par la lune que le centre de la
terre, à cause de leur plus grande distance, se
porteront moins vers cet astre que le centre de
la terre; celui-ci tendra donc à s'écarter des molécules, qui seront dès-lors à une plus grande
distance de ce centre, et qui seront encore sou-
tenues à cette hauteur par l'augmentation de
pesanteur des colonnes placées en quadrature,
qui communiquent avec elles. Il suit de là
1°. que, par l'action de la lune, il se formera sur
la terre deux promontoires d'eau, l'un du côté
de la lune, l'autre du côté opposé : ce qui donnera à la mer la figure d'un sphéroïde allongé,
dont le grand axe passera par le centre de la
lune et de la terre; 2°. que la marée sera haute

sous la lune et basse à 90° de distance de cet astre : le grand axe du sphéroïde formé par la lune suivrait exactement le mouvement de cet astre, et il n'y aurait dans chaque lieu que deux élévations des eaux par mois, si la terre n'avait pas un mouvement de rotation; en vertu de ce mouvement, quoiqu'elle soit soumise aux mêmes lois, on confond les oscillations des eaux qui dépendent de l'action du soleil avec celles qui ont pour cause l'action de la lune; celle du soleil change seulement le flux et le reflux lunaire de la mer, et cela arrive tous les jours, à cause de l'inégalité du jour solaire et du jour lunaire.

Dans les syzygies, l'action de la lune concourt avec celle du soleil pour élever les eaux. Dans les quadratures, les eaux de la mer sont abaissées par l'action du soleil, au point où elles le sont par celle de la lune, et réciproquement; d'où il résulte que les plus grandes marées doivent arriver aux nouvelles et pleines lunes; les plus petites au premier et au second quartier de la lune. Cependant la plus haute marée n'arrive pas et ne doit pas arriver précisément le jour de la nouvelle et pleine lune, mais seulement deux ou trois jours après, parce que le mouvement

acquis n'est pas subitement détruit, et ce mouvement augmente l'élévation des eaux, quoique
l'action instantanée du soleil soit réellement diminuée. Nous avons supposé jusqu'ici la lune et
le soleil situés dans le plan de l'équateur ; faisons
varier à présent leurs déclinaisons, nous verrons
varier dans un rapport inverse l'élévation des
eaux, que fait naître l'action combinée de ces
astres. Concevons en effet la lune et le soleil
placés au pôle, alors l'axe du sphéroïde coïncide
avec l'axe de la terre ; toutes les sections parallèles à l'équateur sont perpendiculaires à l'axe
du sphéroïde, et conséquemment circulaires, de
sorte que l'eau, sous chaque cercle de latitude,
a partout la même élévation qui, par le mouvement de la terre, ne change pas en certains
lieux. Si le soleil et la lune s'éloignent du pôle,
il est aisé de voir que l'élévation des eaux augmente de plus en plus jusqu'à ce qu'elle ait
atteint son maximum ; le sphéroïde ayant fait
sa révolution autour d'une ligne perpendiculaire
à son axe, elle présente à la lune, dans l'espace
de 24 heures, tous ses méridiens, qui sont conséquemment tour à tour, et dans un intervalle
de 6 heures, tantôt sous la lune, tantôt à une
distance de 90° de cet astre; d'où il résulte que

pendant le temps qui s'écoule entre le départ de
la lune d'un méridien, et son retour suivant au
même méridien, c'est-à-dire dans l'espace d'un
jour lunaire qui surpasse le jour solaire d'environ 5o', les eaux de la mer s'élèveront deux fois
et s'abaisseront deux fois dans tous les lieux de
la terre. Celle-ci tournant sur son axe, et empor-
tant avec elle à l'orient de la lune les molécules
d'eau les plus élevées, elles continueront de s'é-
lever encore par l'action de la lune, et quoique
cette action moins directe diminue à chaque instant, elle subsiste et contribue à leur élévation,
qui conséquemment ne peut avoir atteint son
maximum au moment même où la lune passe par
le méridien, mais à peu près trois heures après
le passage, une seconde cause tend à produire
le même effet. Les eaux placées en quadrature
à l'occident de la lune, et portées vers sa conjonction avec cet astre par le mouvement de rotation de la terre, seront continuellement élevées dans ce quart de leur jour, se mouvront
après la syzygie avec cette somme d'accéléra-
tions, et rencontrant alors des molécules continuellement plus retardées que la terre, il se formera deux courans contraires qui placeront la
plus grande élévation à 45° après la syzygie.

Pour des raisons semblables, la plus grande dépression des eaux n'arrivera pas à la quadrature,
mais à 45° de ce point, et trois heures après.
Considérons à présent l'action du soleil, que
nous supposons aussi dans le plan de l'équateur ;
il est évident qu'elle doit exciter dans l'Océan
une agitation semblable à celle qui résulte de
l'action de la lune, de manière que les eaux s'é-
lèvent deux fois et s'abaissent deux fois chaque
jour solaire ; mais, à cause de l'immense distance
du soleil, cette agitation est beaucoup plus petite
que celle qui résulte de l'action de la lune, supposant l'axe du sphéroïde dans le plan de l'équateur. On voit par là pourquoi dans les syzygies
près des équinoxes, on observe les plus grandes
marées : le soleil et la lune étant dans l'équateur
ou près de l'équateur, ces astres exercent sur
les eaux une action d'autant plus grande que
leur distance à la terre est plus petite ; c'est
pourquoi, le soleil étant moins éloigné de la terre
lorsqu'il parcourt les signes méridionaux, on
observe souvent deux grandes marées équi-
noxiales dans cette position du soleil, c'est-
à-dire avant l'équinoxe du printemps et après
l'équinoxe d'automne. Cela n'arrive pour-
tant pas tous les ans, parce qu'il peut y avoir

variation produite par la situation de l'orbite
de la lune, et par la distance de la syzygie
à l'équinoxe. Ces lois du flux et du reflux seraient parfaitement d'accord avec les phénomènes, si les eaux de la mer recouvraient toute
la surface de la terre : cela n'est pas, et il en
résulte des anomalies, non en pleine mer, parce
que l'Océan a assez d'étendue pour éprouver les
oscillations dont nous avons parlé ; mais la situation des rivages, les détroits et beaucoup
d'autres circonstances qui dépendent de la position particulière des lieux, portent quelques at-
teintes aux règles générales. Des observations
exactes et multipliées ne nous permettent pour-
tant pas de douter que le flux et le reflux ne
soient soumis aux lois que nous venons d'exposer.

Des masses planétaires.

C'est encore à l'aide du principe de l'attraction que l'on est parvenu à connaître la masse
et la densité des corps des planètes, dont nous
avons donné l'évaluation dans un tableau ci-
dessus. Puisque en effet l'attraction s'exerce avec
d'autant plus d'énergie que la masse est plus
forte, en calculant la puissance attractive de

deux corps, la masse de l'un étant connue, il sera très facile de déterminer celle de l'autre par une simple proportion. Ce fut par cette méthode que Cavendish parvint à apprécier la masse de notre globe; il se servit de la balance de Coulomb, qui consiste en un fil très mince et non tendu, à l'extrémité duquel est suspendu une aiguille susceptible de céder à la moindre force d'attraction. Supposons maintenant auprès de cette aiguille une sphère homogène, de plomb, par exemple; elle agira sur l'aiguille comme si toute son action était réunie à son centre, et fera éprouver à l'aiguille des oscillations dont on appréciera la durée. Si maintenant on compare la longueur de l'aiguille à celle d'un pendule que la gravité ferait osciller de la même manière, on en déduit le rapport de la force d'attraction de la sphère de plomb à celle de la gravité, qui n'est que l'action exercée par la masse entière du globe sur les corps placés à sa surface; on a donc ainsi le rapport des masses de la sphère de plomb et de la terre.

Les astronomes peuvent encore parvenir au même résultat, à l'aide d'une autre méthode, mais toujours fondée sur le même principe. Puisque, avons-nous dit, la vitesse de révolution des satellites dépend de la puissance d'attraction de leur planète, on pourra déduire leurs masses de leurs vitesses; ainsi le premier satellite de Jupiter est à une distance du centre de cette planète à peu près égale à celle de la lune; cette dernière n'est en effet éloignée de plus qu'elle que d'un 12ᵉ. Or, si les deux satellites accomplissaient leur révolution entière pendant le même espace de temps, la force qui les solliciterait à se mouvoir serait la même. Jupiter, sous un volume beaucoup plus considérable, n'aurait réellement qu'une quantité de matière équivalente à celle de la terre; mais son satellite tourne 16 fois plus vite que la lune à des distances égales; la force centrale est quadruple pour une vitesse double, puisqu'elle croît comme le carré de la vitesse. La force centrale de Jupiter est donc 256 fois celle de la terre, quantité qui donne en même temps la masse.

Une fois la masse et le volume connus, il est facile de déterminer la densité; il suffit pour cela de diviser la masse par le volume. Cavendish a trouvé que la densité moyenne de notre globe est 5,48 fois celle de l'eau, ainsi que Newton l'avait prévu.

De l'atmosphère et de la lumière dans leurs rapports avec l'astronomie.

Dans toutes les observations astronomiques que nous avons signalées successivement à nos lecteurs, nous n'avons point tenu compte de l'interposition de l'air entre nous et les astres qui sont le sujet de notre étude. Nous allons voir que ce fluide élastique, transparent, composé de plusieurs gaz de nature différente, tenant en suspension les vapeurs des liquides répandus à la surface de notre globe, mérite la plus haute importance par l'influence qu'il exerce sur les phénomènes que nous découvrons dans le ciel. Ses propriétés très nombreuses en font un des sujets d'étude les plus compliqués de la physique. Nous ne nous occuperons que de celles qui sont relatives à l'astronomie.

Un des premiers résultats qu'il nous est important de connaître, est de déterminer la hauteur de l'atmosphère, et nous serons obligé, pour y parvenir, d'entrer dans quelques détails.

Et, d'abord, l'air est-il pesant? Oui. La solution de cette question ne remonte pas à une époque très éloignée; quelques auteurs prétendent

22

que les anciens l'avaient méconnue presque entièrement ; d'autres assurent que la pesanteur de
l'air avait été soupçonnée même avant Aristote ;
quoi qu'il en soit, Galilée fut le premier qui ac-
crédita la vérité de cette opinion, bien qu'elle
eût été reconnue avant lui par un médecin français nommé Jean Rey. C'est sur cette propriété
qu'est fondé l'un des instrumens les plus précieux
en physique, et d'un très fréquent usage ; je veux
parler du *baromètre*, qui consiste tout simplement en un tube fermé à l'une de ses extrémités,
tandis que l'autre, ouverte, est plongée dans un
liquide quelconque, après que le vide a été fait
préalablement. On voit alors que le liquide,
étant pressé par la masse d'air au-dessous de
laquelle il est placé, s'élève dans le tube à une
hauteur qui fait justement équilibre à la pression de l'air, s'il est vrai que l'air pèse. En em-
ployant le mercure, on trouve que ce liquide
s'élève au niveau des mers à une hauteur moyenne
de 76 centimètres, la température étant de 12°
centigrades. Cependant les particules de l'air atmosphérique étant, comme celles de tous les gaz,
susceptibles de se rapprocher et de prendre un
volume moins considérable, les couches supérieures devront comprimer les plus basses, et

leur faire prendre une plus grande densité, en
sorte que la pression sera d'autant plus forte
que l'on sera plus près des couches inférieures.
C'est en effet ce que le baromètre nous permet
d'apprécier avec exactitude ; car si l'on se transporte au sommet d'une haute montagne , le poids
de la colonne d'air située au-dessus du liquide,
diminuant graduellement à mesure qu'on arrive
à une plus grande hauteur, le liquide ayant à soutenir une pression moindre, s'abaissera dans le
tube. Que faudra-t-il donc faire pour obtenir la
hauteur de l'atmosphère ? car c'est ainsi qu'on
appelle cette enveloppe gazeuse répandue sur
toute la circonférence du globe. Il suffira de savoir de combien il faut s'élever pour que le
liquide soit baissé d'une certaine quantité, et
alors, au moyen d'une simple proportion, on ar-
riverait au résultat demandé ; mais la compres-
sibilité de l'air, d'où résulte la différence de densité des couches inférieures et supérieures, change
les rapports des unes et des autres. On sait, en
effet, que si le liquide baisse d'un millimètre, à
la hauteur de $10^m,5$ au-dessus du niveau de la
mer, si l'on veut qu'il s'abaisse de nouveau de la
même quantité, il ne suffira plus de s'élever de
10^m5, il faudra atteindre à une hauteur bien plus

considérable. M. Laplace a démontré, par le calcul, qu'en supposant la température de l'air partout la même, les hauteurs du mercure, par exemple, diminuent en progression géométrique lorsque les élévations au-dessus du niveau de la mer croissent en progression arithmétique. Du reste, ce résultat est sujet à beaucoup de modifications de la part du froid, de la chaleur, de l'état hygrométrique, etc., etc. On a évalué aussi, d'après le résultat moyen, la hauteur de l'atmosphère à environ 16 à 17 lieues ; son volume est le 29ᵉ de celui du globe ; son poids n'en est que les 43 millièmes, en supposant à la terre 5 fois et demie la densité de l'eau.

Qu'y a-t-il au-delà de l'atmosphère ? Cette question n'a pas encore été résolue. Les uns veulent qu'il y ait un vide absolu, quoique ce soit assez difficile à concevoir ; les autres pensent, au contraire, qu'il existe un fluide impondérable, excessivement subtil et remplissant les intervalles immenses qui séparent tous les corps célestes : ils lui ont donné le nom d'*éther*. On a objecté que ce fluide, quelque subtil qu'il soit, devrait à la longue devenir une cause rétardatrice du mouvement des planètes.

Le point sous lequel l'atmosphère mérite surtout d'être étudiée, c'est sous le rapport de l'action qu'elle exerce sur les rayons lumineux qui nous sont envoyés par les corps célestes. Ceux-ci, en effet, en traversant les différentes couches d'air qui la composent, éprouvent un grand nombre de modifications qui donnent lieu aux phénomènes les plus variés.

C'est à leur décomposition à travers la ceinture gazeuse qui nous environne que nous devons cette couleur azurée que nous découvrons pendant les beaux jours dans toute l'étendue de la voûte céleste, et dont la nuance légère affaiblit l'impression trop vive des rayons solaires. C'est par un effet semblable que nous voyons, au lever et au coucher du soleil, les nuances les plus variées de rose, de pourpre et de jaune, qui ont été de tout temps un sujet d'admiration pour tous les hommes.

Les rayons lumineux qui traversent l'atmosphère, et qui ne sont point absorbés ou renvoyés par elle, éprouvent de sa part une espèce d'attraction qui les écarte de la droite suivant laquelle ils se meuvent habituellement, et qui les courbe sans cesse vers la terre : c'est ce phénomène qui constitue la *réfraction*. Sans cette propriété, nous verrions la nuit succéder brus-

quement au jour, et nous serions privés de cette
faible lumière qui, passant successivement par
les teintes les mieux ménagées, nous prépare
ainsi au retour ou à la disparition de l'astre du
jour. Ces deux phénomènes, que l'on a désignés
sous les noms d'*aurore* et de *crépuscule*, sont
sujets à des variations assez grandes, suivant la
diversité des saisons et des lieux. Le calcul a
fait voir que, par l'effet de la réfraction de
l'atmosphère, le jour ne cessait de luire pour
nous que quand le soleil était parvenu à 18° au-
dessous de l'horizon. C'est par un effet de ce
genre qu'une pièce d'argent placée au fond d'un
vase vide et cachée par ses parois devient visible au moment où ce vase est rempli d'eau.
En général, lorsqu'un rayon lumineux passe d'un
milieu dans un autre, il se réfracte, c'est-à-dire,
que si l'on conduit une normale au point d'in-
cidence, ce rayon s'en rapprochera s'il passe
d'un milieu moins dense dans un milieu plus
dense (de l'air dans l'eau, par exemple), et s'en
éloignera s'il passe du milieu plus dense dans le
milieu moins dense, comme de l'eau dans l'air.

Les réfractions produites par l'atmosphère
doivent donc avoir pour effet de faire varier les
positions apparentes des astres. En effet, la den-

sité des couches de l'atmosphère augmentant à
mesure que ces couches sont plus rapprochées
de la surface terrestre, ces couches peuvent
être considérées relativement les unes aux autres
comme des milieux différens, et les rayons lumineux s'infléchissent alors de plus en plus, à
mesure qu'ils pénètrent plus profondement dans
l'atmosphère; puis, comme la densité de l'air ne
change qu'insensiblement, la déviation de ces
rayons est presque insensible d'une couche à
l'autre, et leur route, au lieu de former un système de lignes brisées, n'est autre chose qu'une
courbe concave vers la surface terrestre. Il est
facile de s'expliquer maintenant comment cette
réfraction élève les objets au-dessus de leur
lieu réel; car l'observateur qui reçoit le rayon
suivant sa dernière direction, habitué qu'il est
à se figurer les objets sur la direction des rayons
qu'ils envoient, les jugera placés sur le prolongement de la tangente à la courbe; c'est ainsi
que la *réfraction* augmente les hauteurs apparentes des astres, et diminue les distances au zénith. Du reste, l'expérience prouve que les rayons
lumineux n'éprouvent aucune réfraction lorsque leur direction est perpendiculaire aux surfaces des milieux qu'ils traversent : la réfraction

sera donc tout-à-fait nulle lorsque l'astre sera
au zénith ; mais elle prouve aussi que la réfraction augmente avec l'obliquité : la réfraction
sera donc la plus grande possible à l'horizon,
où le rayon lumineux rencontre les couches atmosphériques le plus obliquement possible.

On doit voir quelle importance il y a pour
les astronomes à tenir compte de ces influences
dans leurs calculs.

Quelle peut être la vitesse de la lumière ?
Cette découverte toute récente a suffi pour immortaliser son auteur. Galilée avait déjà cherché
à la connaître ; il avait essayé d'y parvenir en
calculant le temps qu'elle mettait à parcourir
un espace assez considérable qui le séparait d'un
corps lumineux qu'il faisait découvrir à volonté,
tandis que lui-même observait à un point directement opposé; il était arrivé à conclure que la
lumière avait une vitesse infinie. On n'avait pas
cherché depuis à faire d'autres expériences, lorsque Roëmer, astronome danois, s'aperçut que
le temps qui s'écoulait entre le moment où les
éclipses des satellites de Jupiter devenaient sensibles, éprouvait des différences suivant la position de la terre sur l'écliptique. En effet, lorsque le premier satellite pénètre dans le cône

d'ombre de Jupiter, il s'éclipse pour reparaître
ensuite plus tard ; et nous savons que le phénomène revient, terme moyen, toutes les $42^h 29'$
lorsque nous sommes en opposition. Si la vitesse
de la lumière était infinie , le temps qui s'écoule
entre l'intervalle de deux éclipses ne devrait jamais varier ; mais lorsque notre globe s'éloigne
de plus en plus de Jupiter, il n'en est plus ainsi :
les éclipses retardent d'autant plus que le moment de la conjonction approche davantage ,
époque à laquelle la distance étant la plus grande
possible , les retards sont aussi les plus forts , et
il est bien certain qu'ils ne dépendent d'autre
chose que de la translation progressive de la
terre dans l'écliptique ; et , ce qui ne permet plus
de douter de la vérité de cette opinion , c'est
que les retards diminuent à mesure que cette
même translation ramène l'observateur près de
Jupiter. Ces observations, qui ont été répétées
avec le plus grand soin sur les autres satellites
de Jupiter, s'accordent à établir que la lumière
n'emploie à traverser le grand axe de l'écliptique que 16′ 26″, ce qui donne 8′ 13″ pour le
temps qu'elle met à nous venir du soleil à sa distance moyenne. Elle parcourt donc par minute
2931 rayons terrestres, ou 4,200,000 lieues (en-

viron 70,000 par seconde). Cette vitesse prodigieuse, que l'on ne peut révoquer en doute, est 400,000,000 de fois plus grande que celle d'un boulet de canon, et 10,000 fois plus que celle de la terre.

Il résulte de là qu'au lever du soleil nous ne recevons les premiers rayons que 8′ 13″ après leur émission : c'est donc autant de retard pour nous sur son lever réel. La lumière nous parvient de la lune en 1″, 2.

Le mouvement de la lumière produit un phénomène aperçu la première fois par Bradley, qui lui donna le nom d'*aberration*. Son effet est dû au mouvement de translation de la terre dans son orbite; en effet, soit (*fig.* 15) E une étoile à une distance immense de la terre T, si la terre et l'étoile étaient immobiles, l'observateur apercevrait l'étoile suivant E T, quel que soit le temps employé par la lumière à parvenir jusqu'à lui; mais puisque la terre se meut, soit l'espace qu'elle parcourt en un temps donné représenté par la droite T *t,* et celui que parcourt la lumière pendant le même temps représenté par A *t.* Le corpuscule lumineux arrive avec une vitesse A T frapper l'œil, tandis que l'œil vient choquer ce globule avec une vitesse *t* T.

Le premier choc ferait voir l'astre suivant T A ;
le second, s'il était seul, le ferait voir sur T C,
car l'observateur venant de t en T, est affecté
comme si la lumière venait de C en T; il en résulte, suivant la loi de la composition des forces,
une sensation mixte suivant la diagonale T B du
parallélogramme A B C T. L'étoile paraîtra donc
en B, c'est-à-dire portée en avant d'une quantité angulaire A T B d'à peu près 20″.

La comparaison ingénieuse dont se sert
M. Francœur, dans son *Uranographie*, servira
très bien à faire comprendre ce phénomène.
Placé, dit-il, dans une voiture en repos et ouverte par-devant seulement, l'on est abrité de
la pluie qui tombe verticalement; mais si la
voiture court, elle se présente au-dessous de la
pluie avant que l'eau ait pu atteindre à terre :
on reçoit donc la pluie, qui semble tomber obliquement. C'est par cette raison que nous voyons
les astres toujours un peu en avant de leur lieu
réel.

NOTIONS DE GNOMONIQUE.

LA gnomonique est l'art de construire les cadrans solaires; elle enseigne à les tracer sur
toutes sortes de surfaces ; mais laissant de côté
les problèmes plus curieux qu'utiles que cet art
présente, nous nous bornerons à mettre nos lecteurs en état de tracer facilement ceux des cadrans le plus généralement employés.

Il est nécessaire, avant de passer à la construction de chacun d'eux, de définir quelques
termes et de poser quelques principes qui
faciliteront l'intelligence de cette courte exposition.

Nous avons vu que, par l'effet du mouvement
diurne, le soleil paraissait décrire autour de
notre axe, des arcs de 15° par heure ; or,
si l'on conçoit la sphère coupée par douze
plans passant tous par les pôles, et distans entre
eux de 15°, le soleil, décrivant chaque jour un
cercle parallèle à l'équateur, les atteindra suc-

cessivement dans des intervalles égaux, et ces
plans horaires rencontreront l'horizon suivant
douze droites qui prennent le nom de *lignes ho-*
raires. Si nous faisons maintenant abstraction de
ces cercles pour ne conserver que l'axe et le
plan qui contient leurs traces, ou les lignes horaires, nous aurons un cadran solaire placé au
centre de la terre ; mais à cause de la grande distance du soleil et de la petitesse de notre globe,
un point quelconque de la surface peut être considéré dans le cas actuel comme le centre de la
sphère ; dès-lors, si l'on y transporte parallèlement à leur première position, et la surface et
l'axe, le cadran solaire sera tracé pour ce lieu.
Il résulte de là que, *dans tout cadran solaire,*
le style est situé dans le méridien ; il est, de plus,
parallèle à l'axe de la terre, c'est-à-dire que
pour le lieu où le cadran est construit, ce style est
incliné sur l'horizon comme l'est l'axe terrestre,
d'un nombre de degrés égal à l'élévation du pôle,
qui, comme nous le savons, est égal à la latitude.

Il faut donc, avant de procéder à la construction d'un cadran, 1°. tracer une méridienne ;
2°. chercher l'élévation du pôle, ou la latitude
du lieu. Nous avons déjà résolu le premier problème assez exactement pour le but que nous

23

nous proposons (page 24); la table qu'on trouve
à la fin du Manuel résout le second pour les
principales villes de France ; pour les lieux qui
ne sont point compris dans cette table, il faudra
consulter un bon dictionnaire géographique.

Procédons maintenant au tracé des cadrans,
et commençons par le plus facile, celui du *cadran
équinoxial ;* la construction en est si simple qu'on
la peut concevoir facilement sans figure.

En effet, il suffit de diviser un cercle en vingt-
quatre parties égales, de placer au centre, et
bien perpendiculairement au plan du cadran,
un style qui le percera de part en part, puis de
marquer du n° 12 l'extrémité d'un des rayons.
Ce rayon représente l'intersection du cadran
avec le méridien; le chiffre 12 est tourné entre
le style et le nord. Les points de division du côté
de l'orient, et à partir du n° 12, prennent successivement les n°s 1, 2, 3, 4, 5, 6, etc.; ce
sont les heures du soir; ceux de l'occident, à
partir du même point, sont marqués 11, 10, 9,
8, 7, 6, etc.; ce sont les heures du matin. Il
ne s'agit plus que de tracer une méridienne sur
un plan parfaitement horizontal, et d'assujettir
convenablement le cadran sur ce plan, c'est-
à-dire de manière que le style soit parallèle à

l'axe terrestre, et que le rayon 12 soit compris
dans le plan du méridien; pour cela, on construit séparément un triangle rectangle dont un
des deux angles aigus sera égal à la latitude du
lieu ; ce triangle est ensuite placé bien verticalement, l'hypothénuse sur la méridienne horizontale, et l'ouverture de l'angle de latitude
tournée du côté du nord. On place alors le cadran bien perpendiculairement au plan de ce
triangle, ces deux plans ayant pour intersection
commune le rayon 12.

Ce que cette explication pourrait avoir d'obscur deviendra très intelligible en exécutant le
tracé.

Le cadran équinoxial, ainsi nommé parce
que le soleil se trouve dans son plan le jour de
l'équinoxe, devra avoir deux faces, une au
nord, ou supérieure, pour le temps où le soleil
a une déclinaison boréale; l'autre au midi, ou
inférieure, pour le temps des déclinaisons australes. Le style qui le traverse sert alors pour
l'une et l'autre face. Si l'on voulait que ce cadran
donnât les heures, les jours même des équinoxes,
il faudrait munir sa circonférence d'un rebord
ou anneau perpendiculaire qui recevrait l'ombre
du style. Il est clair que si l'on voulait avoir les

demi-heures, il suffirait de diviser le cercle en quarante-huit parties. En dessinant ce cadran sur une glace, on s'épargne un des deux tracés.

Cadran horizontal. C'est le plus commun dans l'usage ordinaire, parce qu'on le place sur une fenêtre, sur un pilier, dans un jardin, etc. Après s'être assuré que le plan sur lequel on veut faire le cadran est parfaitement horizontal, on y tracera une méridienne C XII (*fig.* 16).

Par quelque point A de cette méridienne, on fera passer une perpendiculaire A S d'une longueur telle que C S, qui représente le style couché sur le cadran, fasse avec AC un angle SCA égal à la latitude du lieu. Du point S, on conduira une perpendiculaire S E à S C, qui ira rencontrer la méridienne C XII en E.

Par ce point E, on conduira une perpendiculaire indéfinie N E Q R à la méridienne. Prenant alors sur la méridienne, et à partir de E, une partie E S' égale à E S, on décrira du point S' comme centre une demi-circonférence qu'on divisera en douze parties égales. Par le centre S' et les intersections I, i''', i'', i', etc., on conduira les droites S' I, S' i''', S' i'', etc., qui, prolongées suffisamment, iront rencontrer N R, en R, r''^{ι}, r'', ... n, n', n'', ... Par ces

points et par C , origine du style, on tirera VII.
COR C. VIII C. IX, qui iront se terminer au
bord du cadran; ce sont les lignes horaires
qu'on cherche. La ligne de six heures VI. VI ne
rencontre point la-ligne N R, elle est perpendiculaire à la méridienne au point C.

Si l'on voulait avoir les lignes horaires des
demi-heures, ce ne sont point les lignes E r, rr',
r' r'', etc. , qu'il faudrait diviser en deux parties
égales, mais bien les arcs E i, i i', $i'i''$, etc. ,
qui donneraient sur l'équinoxiale des points d'intersection comme pour les heures.

Il est évident que le triangle CSA, que nous
avons tracé dans le plan du cadran, devra être
relevé perpendiculairement à ce plan, en faisant
décrire au sommet S un quart de circonférence
autour de AC comme charnière, toutes les conditions sont alors satisfaites.

On pourrait être embarrassé pour trouver le
point R situé hors du cadran; si l'espace ne per-
mettait point d'exécuter la construction de la *fig.*
16, on pourrait y suppléer par le calcul suivant,
qui exige que le bord du cadran soit bien parallèle à la méridienne C XII. Les points P et Q
étant donnés par le tracé, on connaît P Q, on le
mesure ainsi que E C et E S'; en multipliant

entre elles les deux premières quantités, et divisant le produit PQ$\times$EC par ES′, on a la valeur OQ qu'on porte de Q en O, on peut alors conduire CO. Nous ferons remarquer d'ailleurs que la partie orientale du cadran ne diffère en rien de la partie occidentale. On peut donc à la rigueur ne tracer que la partie comprise dans l'angle VI, C, XII. On prend ensuite En=Er, En'=Er', et ainsi de suite, ou mieux encore, si le cadran est bien rectangulaire, et si la méridienne le partage bien exactement en deux parties égales, on peut prendre sur les bords les parties XII, I= XII, XI. XII, II = XII, X, ou chacune à chacune X, IX = II, III. IX, VIII= III, IX.

On conçoit qu'il n'est point nécessaire de tracer ce cadran sur l'emplacement même qu'il doit occuper; rien n'empêche de le construire dans le cabinet, sur une planche ou sur une ardoise; il suffit ensuite de l'orienter, c'est-à-dire de faire en sorte que la ligne C, XII, soit bien exactement placée dans le plan du méridien.

Cadrans verticaux.

Cadran méridional. C'est celui qui est tourné directement vers le sud. Il ne peut marquer que

de six heures du matin à six heûres du soir. La
méthode de tracé ne diffère de celle du cadran
horizontal (*fig.* 16) qu'en ce qu'on fait l'angle
S C A égal au *complément* de la latitude du lieu.
On trouve ce complément en retranchant la latitude donnée de 90°; ainsi pour Paris, par
exemple, dont la latitude est de 48° 5o' (*voyez*
la table des latitudes), il faudrait faire S C A de
90° moins 48° 5o', c'est-à-dire de 41° 1o'; de
plus, l'intersection du méridien avec le cadran
devant toujours être C, XII, il faudra renverser
les heures, c'est-à-dire mettre XI^h à la place de
1^h, X^h pour II^h, IX^h pour III^h, et réciproquement. Le point XII marqué nord dans le cadran
horizontal n'est plus au nord dans le cadran
vertical; on voit donc qu'un cadran vertical pour
un lieu donné n'est autre chose qu'un cadran
horizontal tracé pour une latitude complémen-
taire.

Cadran oriental. C'est celui qu'on trace sur le
côté du méridien qui regarde directement l'orient,
il ne peut donc marquer que jusqu'à midi exclusivement. Il n'y a point de méridienne à tracer.
On tire (*fig.* 17) une droite A B bien parallèle
à l'horizon, et une autre A K qui fasse avec la
première un angle égal au complément de la la-

titude. Par un point quelconque D, on conduit
une perpendiculaire 6 , D , et à ce même point D,
on plante bien perpendiculairement, au plan du
cadran, un faux style de quelques pouces de hauteur, à l'extrémité duquel on fixe le vrai style en
l'inclinant parallèlement à D, 6. Du point D
comme centre, on décrit une circonférence qui
se trouve ainsi divisée en quatre parts. On sub-
divise chaque quart en six parties, et par les
points de division, on tire les droites D 4 , D 5,
D 7 , D 8 , etc., qui par leur rencontre avec les
parallèles 4, 11 qui limitent le cadran, donne
la position des lignes horaires 11, 11. 10, 10.
9 , 9. Il est facile de voir que ce cadran satisfait
aux conditions que nous avons énoncées plus
haut.

Cadran occidental. C'est celui qu'on trace sur
le côté occidental du méridien. La méthode de
tracé ne diffère en rien de celle du cadran oriental (*fig.* 17); seulement le cadran occidental ne
marquant que depuis une heure jusqu'au coucher du soleil, ce sont les heures 1, 2, 3, 4, 5,
6, 7, etc., qu'il faudra successivement mettre à
la place de 11, 10, 9, 8, 7, 6, etc.

Nous avons vu qu'une montre ou une horloge bien réglée ne doit s'accorder avec le soleil

que quatre fois par an, et que dans tous les autres jours elle doit avancer ou retarder sur les
heures solaires d'une manière fort irrégulière,
parce qu'elle dépend de deux causes, qui tantôt
tendent à se compenser, tantôt agissent en sens
contraire. Cette quantité d'*avance* ou de *retard*
dans un jour donné se nomme l'*équation du
temps*, et on la trouve indiquée dans les éphé-
mérides, pour chaque jour de l'année, en minutes, secondes et dixièmes de seconde. Mais les
montres ordinaires de poche, n'étant pas susceptibles de marcher aussi uniformément que les
horloges ou les garde-temps, on a pensé qu'il
servirait à la plupart des amateurs qui désirent
régler leurs montres, c'est-à-dire savoir de combien elles avancent ou retardent par jour sur le
temps moyen ou uniforme, d'avoir une table
dans laquelle on trouverait l'indication des jours
de l'année auxquels le temps moyen avance ou
retarde sur le temps vrai ou solaire d'un nombre
entier de minutes. On peut voir, en la consultant, que le 2 janvier la montre doit avancer de
4 minutes sur l'heure du soleil ; que le 1er février
elle doit avancer de 14 minutes, et se conserver
ainsi jusqu'au 21 du même mois ; de là avancer
moins chaque jour, jusqu'au 16 avril, jour au-

quel elle doit s'accorder avec le soleil ; puis retarder jusqu'à un maximum de 4 minutes seulement, qui tombe au 15 mai, et se retrouver d'accord avec le soleil vers le milieu de juin, etc.
On peut remarquer que la plus grande différence
entre les deux temps qui ait lieu dans toute
l'année répond à la fin d'octobre, et s'élève jusqu'à 16 minutes; et que dans le courant de décembre, la montre, qui le 1er de ce mois retardait de 11 minutes, doit avancer de 3 minutes
le 31 ; ce qui fait une différence d'un quart-
d'heure dans ce mois, différence dont on accu-
serait la montre, tandis que c'est à la marche
apparente du soleil qu'elle doit être réellement
attribuée.

Il est aisé de comprendre que cette table d'é-
quation du temps, étant bornée aux minutes, ne
peut être à peu près exacte que jusqu'à ce degré;
mais il est suffisant pour la très grande pluralité
de montres ordinaires; pour les autres, on aura
recours aux tables complètes calculées pour tous
les autres jours.

Nous terminerons ici ces notions de gnomonique, en renvoyant le lecteur aux traités spé-
ciaux pour les cadrans déclinans, cadrans sans
centre, etc., etc.

TABLE des jours de l'année moyenne auxquels une montre réglée doit avancer ou retarder d'un nombre entier de minutes sur le midi du soleil.

JOURS.		Avance. Minutes.	JOURS.		Retard. Minutes.	JOURS.		Retard. Minutes.
Janvier.	2	4	Mai.	1	3	Octobre.	4	11
	4	5		15	4		7	12
	6	6		30	3		11	13
	8	7	Juin.	5	2		15	14
	11	8		11	1		20	15
	13	9		16	0		28	16
	16	10			Av.c	Novembre.	16	15
	19	11		20	1		21	14
	22	12		25	2		25	13
	27	13		30	3		28	12
Février.	1	14	Juillet.	5	4	Décembre	1	11
	21	14		11	5		3	10
	28	13		22	6		6	9
Mars.	5	12	Août.	11	5		8	8
	9	11		16	4		10	7
	12	10		21	3		12	6
	16	9		25	2		14	5
	19	8		29	1		17	4
	23	7	Septembre.	1	0		19	3
	26	6			Ret.d		21	2
	29	5		4	1		23	1
Avril.	1	4		7	2		25	0
	5	3		10	3			Av.c
	8	2		13	4		27	1
	12	1		16	5		29	2
	16	0		19	6		30	3
		Ret.d		22	7			
	20	1		24	8			
	25	2		27	9			
				30	10			

TABLE

DES LATITUDES ET LONGITUDES

DES PRINCIPALES VILLES DE FRANCE.

Noms des lieux.	Latitude.	Longitude.
Agen...........	44° 12′ 22″	1° 43′ 40″ O.
Ajaccio........	41 55 1	6 23 49 E.
Alby..........	43 55 46	0 11 42 O.
Alençon........	48 25 48	2 14 53 O.
Amiens........	49 53 41	0 2 4 O.
Angers.........	47 28 9	2 53 15 O.
Angoulême......	45 38 57	2 10 59 O.
Arras..........	50 17 34	0 26 10 E.
Auch..........	43 38 39	1 45 4 O.
Aurillac........	44 55 41	0 6 25 E.
Auxerre........	47 47 57	1 14 6 E.
Avignon........	43 57 8	2 28 15 E.
Bar-le-Duc, ou sur-		
Ornain.......	48 46 5	2 50 0 E.
Beauvais........	49 26 7	5 15 15 O.
Besançon........	47 13 45	3 42 30 E.

Noms des lieux.	Latitude.	Longitude.
Blois..........	47° 35′ 20″	0° 59′ 59″ O.
Bordeaux.......	44 50 14	2 54 14 O.
Bourbon-Vendée..	46 37 17	3 39 38 O.
Bourg..........	46 12 26	2 53 30 E.
Bourges........	47 5 4	0 3 42 E.
Caen..........	49 11 12	2 41 53 O.
Cahors........	44 25 59	0 52 58 O.
Carcassonne.....	43 12 54	0 0 45 E.
Châlons-sur-Marne.	48 57 16	2 1 46 E.
Chartres........	48 26 54	0 50 55 E.
Châteauroux.....	46 48 46	0 38 50 O.
Chaumont.......	48 6 13	2 50 0 E.
Clermond-Ferrand.	45 46 44	0 45 2 E.
Colmar.........	48 4 44	5 2 11 E.
Digne........ ..	44 5 18	3 54 4 E.
Dijon..........	47 19 25	2 41 50 E.
Draguignan......	43 32 18	4 8 18 E.
Épinal..........	48 10 33	4 6 57 E.
Évreux.........	48 55 30	1 10 56 O.
Foix...........	42 57 45	0 43 53 O.
Gap......... .	44 33 37	3 44 47 E.
Grenoble.......	45 11 42	3 23 24 E.
Gueret.........	46 10 12	0 28 10 O.
Laon..........	49 33 54	1 17 12 E.
La Rochelle......	46 9 21	3 29 55 O.

Noms des lieux.	Latitude.	Longitude.
Laval...........	48° 4′ 14″	3° 6′ 38″ O.
Le Mans	48 0 30	0 8 40 O.
Le Puy..........	45 2 51	1 33 21 E.
Lille............	50 37 50	0 44 16 E.
Limoges.........	45 49 53	1 4 52 O.
Lons-le-Saulnier..	46 40 34	3 13 9 E.
Lyon...........	45 45 58	2 29 9 F.
Mâcon..........	46 18 27	2 29 53 E.
Marseille........	43 17 49	3 2 0 E.
Melun	58 32 23	0 19 23 E.
Mende..........	44 30 42	1 9 19 E.
Metz...........	49 7 10	3 50 13 E.
Mézières........	49 45 47	2 23 16 E.
Montauban......	44 0 55	0 59 30 O.
Monbrison	45 36 41	1 44 8 E.
Mont-Marsan.....	43 54 42	2 49 55 O.
Montpellier......	43 36 16	1 32 30 E.
Moulins.........	46 34 4	0 59 59 E.
Nancy..........	48 41 55	3 50 16 E.
Nantes..........	47 13 9	3 52 59 O.
Nevers..........	46 59 17	0 49 16 E.
Niort...........	45 20 8	2 49 27 O.
Nismes..........	43 50 8	2 1 30 E.
Orléans.........	47 54 12	0 25 34 O.
Paris...........	48 50 13	0 0 0

Noms des lieux.	Latitude.	Longitude.
Pau............	43° 19′ 1″	2° 42′ 48″ O.
Périgueux	45 11 8	1 36 41 O.
Perpignan.......	42 42 3	0 33 54 E.
Poitiers........	46 35 0	1 59 32 O.
Privas..........	44 42 33	2 15 32 E.
Quimper........	47 58 29	6 26 0 O.
Rennes..........	48 6 50	4 1 2 O.
Rodez..........	44 21 8	0 14 14 E.
Rouen..........	49 26 27	1 14 16 O.
Saint-Brieux.....	48 31 2	5 4 10 O.
Saint-Lô........	49 6 57	3 25 53 O.
Strasbourg.......	48 34 56	5 24 36 E.
Tarbes..........	43 13 52	2 16 1 O.
Toulouse........	43 35 46	0 53 45 O.
Tours..........	47 23 46	1 38 37 O.
Troyes.........	48 18 5	1 44 34 E.
Tulles..........	45 16 3	0 33 58 E.
Valence	44 55 59	2 33 10 E.
Vannes.........	47 39 26	5 5 19 O.
Versailles.......	48 48 21	0 12 53 O.
Vesoul..........	47 37 50	3 49 39 E.

VOCABULAIRE
D'ASTRONOMIE.

A.

Aberration. Petit mouvement apparent des étoiles causé par le mouvement de la terre combiné avec le mouvement progressif de la lumière; il en résulte que les étoiles fixes *paraissent* décrire une petite ellipse autour de leur vrai lieu.

Acronique. Se dit d'un phénomène qui se passe à l'entrée de la nuit, c'est-à-dire au moment où le soleil se couche.

Aérolithes. Pierres atmosphériques; sont peut-être un produit des volcans de la lune.

Age de la lune. Se dit du nombre de jours écoulés depuis la néoménie.

Aigle. Une des vingt-et-une constellations septentrionales.

Aire. C'est l'espace renfermé dans une figure. — Désigne aussi un cercle lumineux qui paraît quelquefois autour du soleil et des autres astres. — C'est encore la surface décrite par un corps céleste autour du soleil.

Aldebaran. Primaire du Taureau; est sur la ligne qui du pôle va passer entre la Chèvre et Persée, sans rencontrer aucune autre étoile remarquable.

Algol. Changeante de Persée; passe de la deuxième à la quatrième grandeur dans une période de 69 heures.

Almanach. Ephémérides où l'on consigne les jours de l'année, les fêtes, et quelquefois des *prédictions absurdes* sur les changemens de temps.

Amplitude d'un astre. Arc de l'horizon compris entre l'équateur et cet astre lorsqu'il se trouve à l'horizon.

Andromède. Constellation de l'hémisphère septentrional qui a vingt-sept étoiles.

Angles horaires. Sont formés au pôle par les plans des cercles horaires et le plan du méridien; ont pour mesure l'arc d'équateur compris entre ces cercles.

Anneau de Saturne. Cercle lumineux qui entoure la planète.

Année. Temps de la révolution *apparente* du soleil, ou *réelle* de la terre. — *tropique,* période

de retour de la terre à l'équinoxe 356ʲ 5ʰ 48ʳ
5″. — *sidérale*, temps du retour à une même
étoile, 365ʲ 6ʰ 9′ 11″ 5‴ — *bissextile*, composée de 366 jours. — *anomalistique*, temps
du retour à l'apside. — *synodique*, temps du
retour à la même position par rapport au soleil et à la terre.

Anomalie. Ce mot a cessé, en astronomie, de si-
gnifier irrégularité, pour indiquer un angle ou
un arc. — *vraie*, distance angulaire du périgée au *vrai* soleil. — *moyenne*, distance du
périgée au soleil moyen.

Antarès. Etoile de première grandeur, au cœur
du Scorpion.

Aphélie. Lieu de l'orbite d'une planète qui est le
plus éloigné du soleil.

Aplatissement de la terre. C'est le rapport de la
différence des demi-axes au plus grand axe.

Apogée. Lieu de l'orbite d'une planète où elle
est le plus éloignée de la terre.

Apsides. Points de l'orbite d'une planète dans
lesquels elle se trouve soit à la plus grande,
soit à la plus petite distance du soleil ou de la
terre.

Arcturus. Étoile de première grandeur de la con-

stellation du Bouvier ; c'est l'une des plus brillantes du ciel.

Ascension droite d'un astre. C'est l'angle formé par le plan horaire de l'astre avec le méridien, à l'instant où le point fixe du Bélier pris pour origine s'y trouve.

Attraction. Dans la philosophie newtonienne, signifie puissance en vertu de laquelle toutes les parties, soit d'un même corps, soit de corps différens, tendent les unes vers les autres.

Aurores boréales. Lueurs qui apparaissent du côté du nord, dont on ignore la cause.

Axe. Droite passant par le centre d'un cercle, et qui lui est perpendiculaire.

Azimut. Arc d'horizon compris entre le méridien et le plan vertical qui contient un objet.

B.

Balance. Une des constellations du zodiaque.

Bélier. Le premier des douze signes du zodiaque.

C.

Cancer. Nom d'un des douze signes du zodiaque.

Capricorne. Un des douze signes du zodiaque.

Centrifuge. Qui tend à éloigner d'un centre.

Centripète. Qui pousse les corps vers un centre commun.

Cercles de déclinaison. Sont ceux qui passant par les pôles sont perpendiculaires à l'équateur.

Cérès. Septième planète, découverte par Piazzi.

Changeantes. Étoiles dont l'éclat est variable.

Chariot. C'est la constellation de la grande Ourse.

Chèvre. Primaire du Cocher.

Circompolaires. Qui tournent autour du pôle sans se coucher jamais.

Colures. Anciennes dénominations par lesquelles on désignait deux grands cercles de la sphère qui passent, *celui des équinoxes*, par les points équinoxiaux, et le pôle de l'équateur ; *celui des solstices*, par les points solsticiaux et les pôles de l'écliptique et de l'équateur.

Conjonction. Deux planètes sont en conjonction lorsqu'elles ont même longitude.

Constellations. Figures arbitraires dans lesquelles on a classé les étoiles.

Cosmique. Se dit d'un phénomène observé au soleil levant.

Crépuscule. Prolongation du jour par l'effet des réfractions.

Culminans (points). Lieux le plus haut et le

plus bas du cours des astres et où passe le méridien.

Cycle. Cercle, période.

D.

Déclinaison. Distance à l'équateur du parallèle que décrit un astre; elle est australe ou boreale. — *de l'aiguille aimantée,* c'est l'angle que fait cette aiguille avec le méridien.

Degré du méridien. C'est l'espace qu'il faut parcourir sur cette courbe pour que les verticales qui passent par les extrémités de cet espace fassent entre elles un angle égal à la 360ᵉ partie de la circonférence. Le degré moyen est de 57,008 toises.

Dépression. Angle formé par une horizontale avec les rayons visuels menés d'un point de cette ligne à ceux qui lui sont inférieurs.

Diamètre. Droite qui passe par le centre d'un cercle et se termine de part et d'autre à sa circonférence. — *apparent d'une planète;* angle qui a pour corde ce diamètre vu de la terre.

Dichotome. Se dit de la lune lorsqu'on ne voit que la moitié de son disque.

Doigt. C'est la douzième partie du diamètre apparent du soleil ou de la lune.

Dragon. Constellation boréale circompolaire.

E.

Éclipse de lune. Passage de cet astre dans l'ombre de la terre. — *de soleil;* circonstance dans laquelle la lune intercepte la vue du disque de cet astre, ou seulement d'une partie. — *centrale;* dans laquelle les centres du soleil et de la lune et l'observateur, se trouvent sur la même droite. — *annulaires;* dans lesquelles le soleil déborde de tous côtés le disque de la lune.

Écliptique. Orbite que décrit la terre dans son mouvement annuel.

Élévation, d'un astre, du pôle, de l'équateur, se dit de l'arc du méridien compris entre l'astre, le pôle, l'équateur et l'horizon.

Ellipse. Section d'un cône droit par un plan oblique à sa basse, mais qui ne la rencontre pas.

Ellipsoïde. Solide de révolution engendrée par la rotation de l'ellipse autour d'un de ses axes.

Élongation. Angle compris entre le lieu du soleil vu de la terre et le lieu d'une planète également vu de ce globe.

Émersion. Sortie d'un satellite de l'ombre de sa planète.

Équateur. Grand cercle de la sphère, perpendiculaire à l'axe de rotation.

Équation. Indique en astronomie les nombres qu'on doit ajouter ou ôter à des valeurs moyennes pour obtenir les véritables. — *du temps,* différence entre le temps vrai et le temps moyen. — *de l'orbite,* variations dans le mouvement apparent du soleil dues à la vitesse et à l'excentricité. — *annuelle,* inégalités qui dépendent du lieu de la terre dans l'écliptique, et dont la période s'accomplit en une année.

Équinoxes. Points diamétralement opposés sur l'orbite de la terre, à chacun desquels son axe n'est incliné d'aucun côté vers le soleil, qui se trouve alors dans le plan de l'équateur terrestre.

Est. Point de l'horizon qui se trouve à gauche quand on regarde le midi.

Été. Saison comprise entre le solstice et l'équinoxe d'automne.

Étoiles. Corps lumineux que l'on voit briller pendant la nuit, et qui conservent sensiblement entre elles la même situation.

Évection. Variation d'excentricité de l'orbite lunaire.

Excentricité. Distance qui se trouve entre le centre et le foyer d'une ellipse.

F.

Firmament. Assemblage des étoiles fixes, ainsi appelé parce que les anciens les considéraient comme placées sur la dernière enveloppe céleste.

Flux ou *flot.* Ondulation de la mer qui inonde la plage.

Fomalhaut. Primaire du Poisson austral.

G.

Gémeaux. Constellation zodiacale.

Gnomon. Verticale dont on reçoit l'ombre sur un plan horizontal, et qui fait ainsi connaître la hauteur du soleil au moment de l'observation.

Gnomonique. Art de tracer les cadrans solaires.

Gravitation. Action de tendre et de peser vers un point.

Gravité. Force en vertu de laquelle les corps tendent vers un centre d'attraction.

H.

Hauteur. Voyez *Élévation.* — *méridienne d'un astre.* Élévation de cet astre lorsqu'il passe au méridien.

Héliaque. Se dit du lever et du coucher des astres lorsqu'ils se lèvent environ une heure avant ou se couchent une heure après le soleil.

Heure. Espace de temps que l'on prend pour unité dans les divisions du jour. — *sidérale.* Est donnée par le retour consécutif d'une étoilé au méridien. — *moyenne.* C'est celle que marquent les montres, les horloges; elles sont l'une et l'autre régulières quoique différentes. — *vraie ou solaire.* Est donnée par le passage du soleil au méridien ; elle est inégale.

Horizon sensible. Plan tangent au globe par le point où se trouve l'observateur. — *rationnel.* Plan mené par le centre de la terre parallèlement à l'horizon sensible.

I.

Immersion. Entrée d'un satellite dans l'ombre de sa planète.

Inclinaison. Angle formé par la rencontre de

deux lignes ou de deux plans. — *de l'aiguille aimantée*. Angle que fait cette aiguille avec l'horizon.

J.

Jour. Espace de temps qui comprend vingt-quatre heures. (Voyez *Heure.*)

Junon ou *Harding.* Sixième planète.

Jupiter. Neuvième planète, située entre Saturne et Mars.

K.

Képler. Célèbre astronome né en 1571. Découvrit les lois du mouvement des planètes, lois qui portent son nom.

L.

Latitude terrestre. Distance d'un lieu à l'équateur comptée sur le méridien.

Latitude d'un astre. Distance de cet astre à l'écliptique, mesurée par un arc du grand cercle qui passe par l'astre et le pôle de l'écliptique.

Libration de la lune. Changement *apparent* dans la situation des taches de la lune.

Lieu. Vrai, apparent. Le lieu *vrai* d'un astre sur la sphère céleste est celui où on le verrait s'il était observé du centre de la terre. Le lieu apparent est celui auquel on le rapporte quand on l'observe de la surface terrestre.

Lignes horaires. Intersections des cercles horaires de la sphère avec le plan d'un cadran solaire.

Longitude terrestre. Angle des méridiens mesuré par l'arc compris entre eux sur l'équateur.

Longitude d'un astre. Arc d'écliptique compris entre l'astre et le point ♈.

Lunaison. Temps qui s'écoule depuis le commencement de la nouvelle lune jusqu'à la fin du dernier quartier.

Lune. Satellite de la terre, n'a point sur les changemens de temps l'influence qu'on lui attribue encore si généralement.

M.

Marées. Élévation et abaissement successifs des eaux de l'Océan dans un même lieu et à des intervalles de temps réglés. (Voyez *Flux* et *Reflux.*)

Mars. Quatrième planète.

Mercure. Première planète.

Méridien. Grand cercle de la sphère qui passe par les pôles. — *Premier.* Celui dont on part pour compter les longitudes.

Méridienne. Intersection du méridien avec l'horizon.

Mouvement annuel du soleil. Apparence produite par un mouvement réel que la terre exécute autour du soleil dans l'espace d'une année. — *diurne.* Apparent des astres d'orient en occident; il est produit par la rotation réelle de la terre d'occident en orient.

N.

Nadir. Pôle inférieur de l'horizon.

Nébuleuses. Amas d'étoiles dont la lumière est peu brillante.

Néoménie. Nouvelle lune.

Newton. Naquit en 1642, mourut en 1727.

Nœuds. Points extrêmes de l'orbite d'une planète où elle coupe l'écliptique.

Nonagésime. Point de l'écliptique où ce plan est rencontré par le cercle de latitude qui passe par le zénith.

Nutation. Mouvement de l'axe terrestre en vertu duquel il s'incline tantôt plus, tantôt moins sur l'écliptique.

O.

Obliquité de l'écliptique. Angle formé par ce plan et celui de l'équateur.

Occultation. Disparition passagère d'une étoile

➤ ou d'un satellite causée par la superposition d'une planète.

Olbers ou *Pallas*. Huitième planète.

Opposition. Deux planètes sont en opposition lorsque leurs longitudes diffèrent de 180°.

Orbite. Trace de la révolution des astres.

Ourse (*la grande*). Belle constellation boréale formée principalement de sept belles étoiles; elle sert de base pour trouver les autres constellations par le moyen des alignemens. — (*la petite*). Constellation boréale également formée de sept étoiles placées en sens inverse de celles de la grande ourse. La *polaire* en fait partie.

P.

Parabole. Section d'un cône par un plan parallèle au côté du cône; c'est donc une courbe ouverte.

Parallaxe. Angle compris entre les directions suivant lesquelles un astre serait vu simultanément du centre de la terre et d'un point de sa surface.

Pénombre. Espace dans lequel ne pénètre qu'une partie des rayons qui émanent d'un corps lumineux.

Périgée ou *périhélie*. Point d'une orbite elliptique le plus rapproché du soleil.

Perturbations. Changemens dans les mouvemens
réguliers des astres.

Pesanteur. Résultat de la gravitation.

Phases de la lune. Aspects divers de la lune déterminés par sa position à l'égard du soleil et
de la terre.

Piazzi. Voyez *Cérès*.

Planètes. Corps célestes qui empruntent leur
lumière du soleil, et qui ont des mouvemens
propres et périodiques.

Poissons. Constellation zodiacale.

Pôles. Extrémités de l'axe d'un cercle.

Précession des équinoxes. Rétrogradation d'o-
rient en occident des points équinoxiaux.

Printemps. Commence le jour que le soleil paraît entrer dans le signe du Bélier, et finit lorsque cet astre sort des Gémeaux.

Q.

Quadrature de la lune. Sa position quand elle
paraît éloignée du soleil de 90°.

R.

Reflux. Mouvement réglé de la mer lorsqu'elle
s'éloigne du rivage.

Réfraction. Dérangement que souffre un rayon de lumière en traversant des milieux de densités différentes.

Rétrogradations. Mouvement rétrograde *apparent* des planètes.

Révolution. Mouvement annuel des astres.

Rotation. Mouvement diurne des astres.

S.

Saturne. Dixième planète.

Scorpion. Constellation zodiacale.

Sélénographie. Description de la lune.

Solstice. Points de la révolution apparente du soleil où il est le plus éloigné de l'équateur.

Station des planètes. Leur immobilité apparente pendant plusieurs jours.

Syzygie. Dénomination commune à l'opposition et à la conjonction de la lune par rapport au soleil.

T.

Taureau. Constellation zodiacale.

Temps. (Voyez *Jour, Heure.*)

Translation. Se dit du mouvement qui transporte une planète dans les points successifs de son orbite.

Tropiques. Cercles auxquels répond le soleil aux

solstices, et qui sont les limites de la zone torride.

U.

Uranus ou *Herschell.* Onzième planète.

V.

Vénus. Deuxième planète; elle est inférieure.
Verseau. . Constellation zodiacale.
Verticale. C'est la direction du fil à-plomb.
Vertical (*premier*). Cercle qui passe par le zé-
nith et par les points *est* et *ouest.*
Vesta. Cinquième planète.
Vierge. Constellation zodiacale.
Voie lactée. Espace blanchâtre formé d'un amas
d'étoiles et qui traverse le ciel en coupant l'é-
cliptique vers les deux solstices. On la nomme
aussi *galaxie.*

Z.

Zénith. Sommet de la calotte céleste qui nous
enveloppe de toute part; c'est le pôle de
l'horizon.
Zodiaque. Zone d'environ 17° coupée par l'é-
cliptique en deux parties égales.
Zone. Portion de sphère renfermée entre des
cercles parallèles.

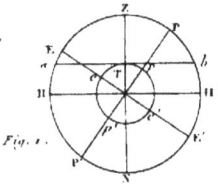

Fig. 1.

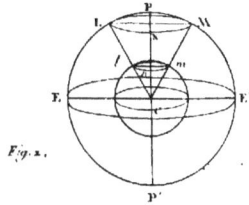

Fig. 2.

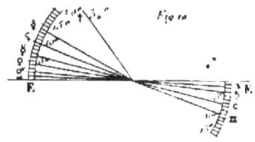

Fig. 10.

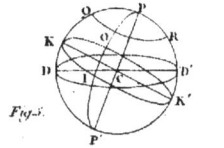

Fig. 5.

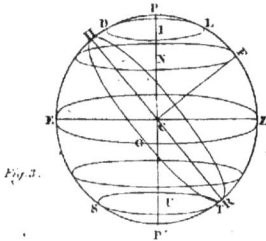

Fig. 3.

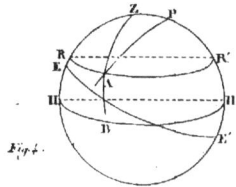

Fig. 4.

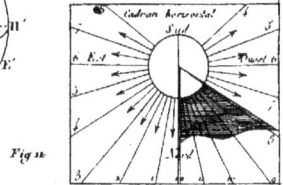

Fig. 11.

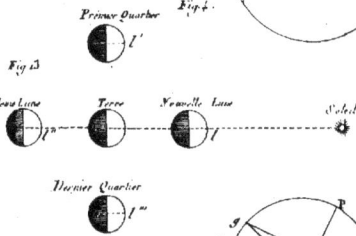

Premier Quartier

Fig. 13.

Pleine Lune   Terre   Nouvelle Lune   Soleil

Dernier Quartier

Lunette Méridienne

ou

Instrument des Passages

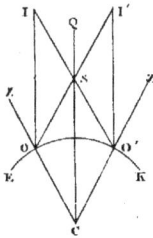

Fig. 6.

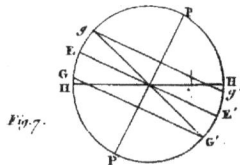

Fig. 7.

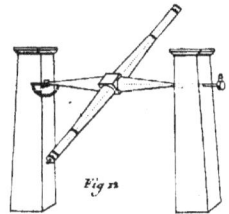

Fig. 12.

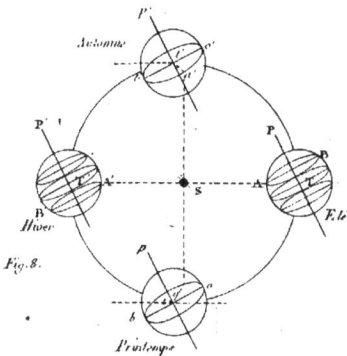

Automne

Hiver

Printemps

Été

Fig. 8.

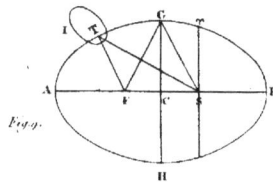

Fig. 9.

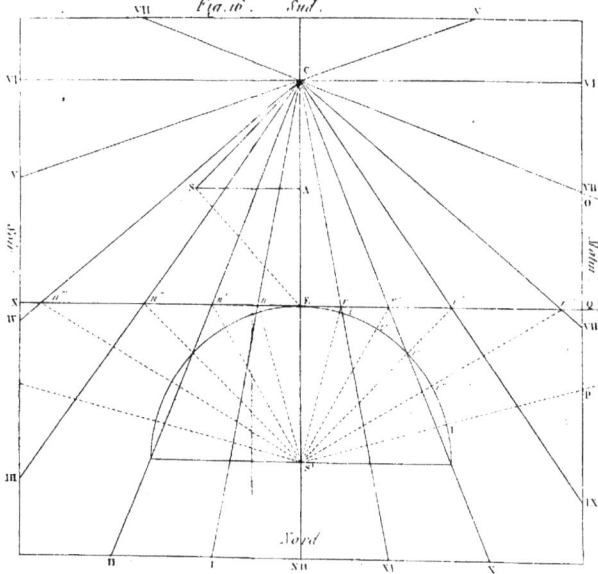

Fig. 16. Sud.

Nord

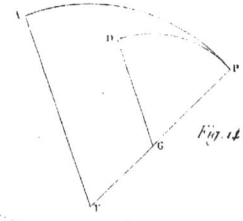

Fig. 14.

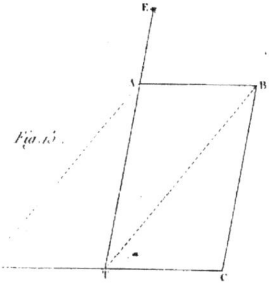

Fig. 15.

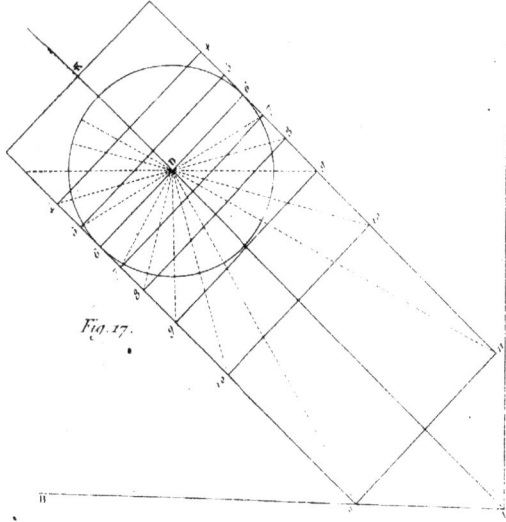

Fig. 17.

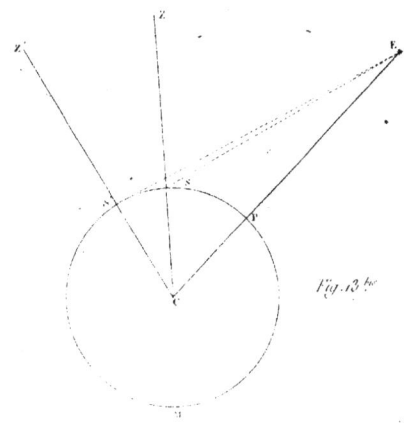

Fig. 13 bis

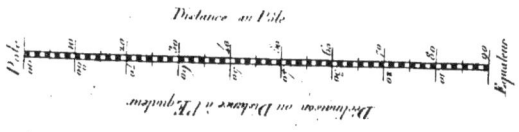

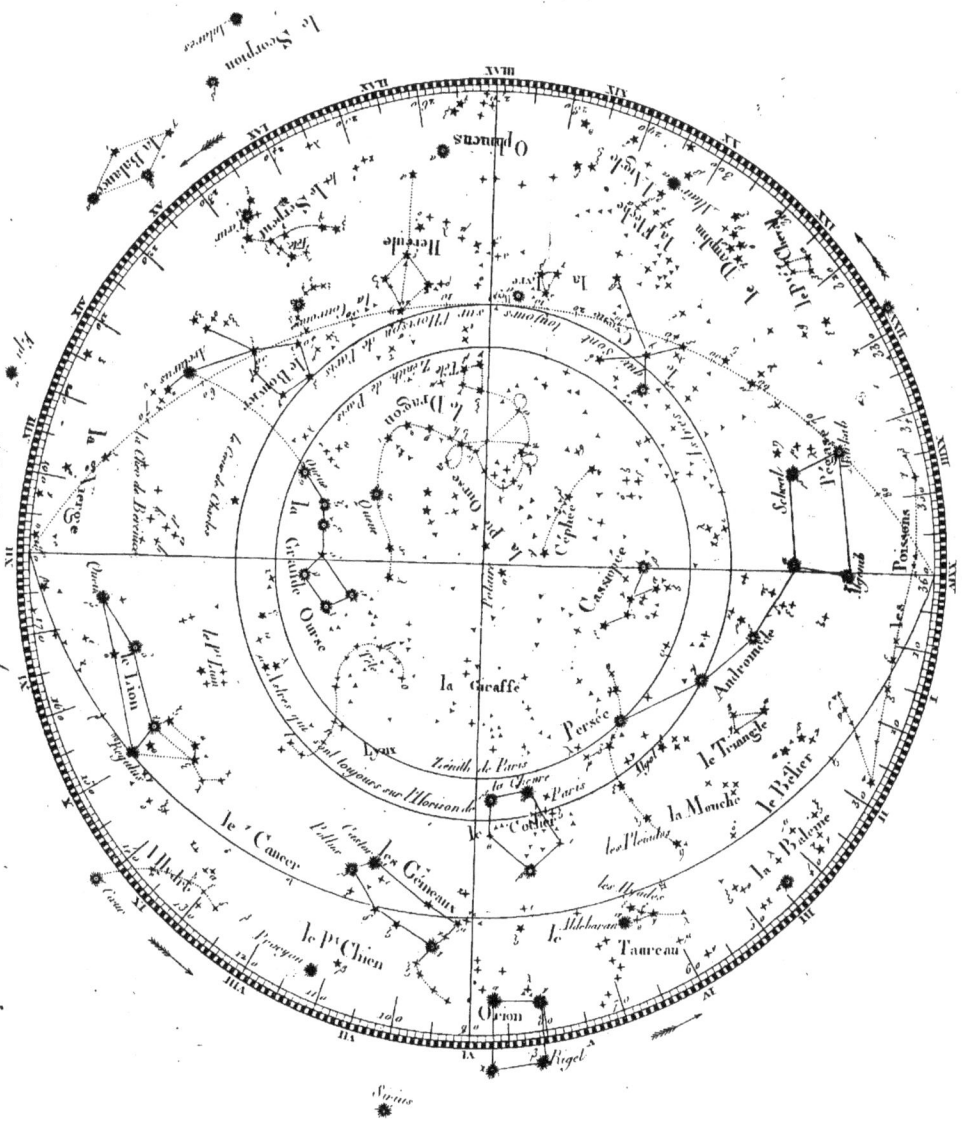

Planche

L'hémisphère Boréal

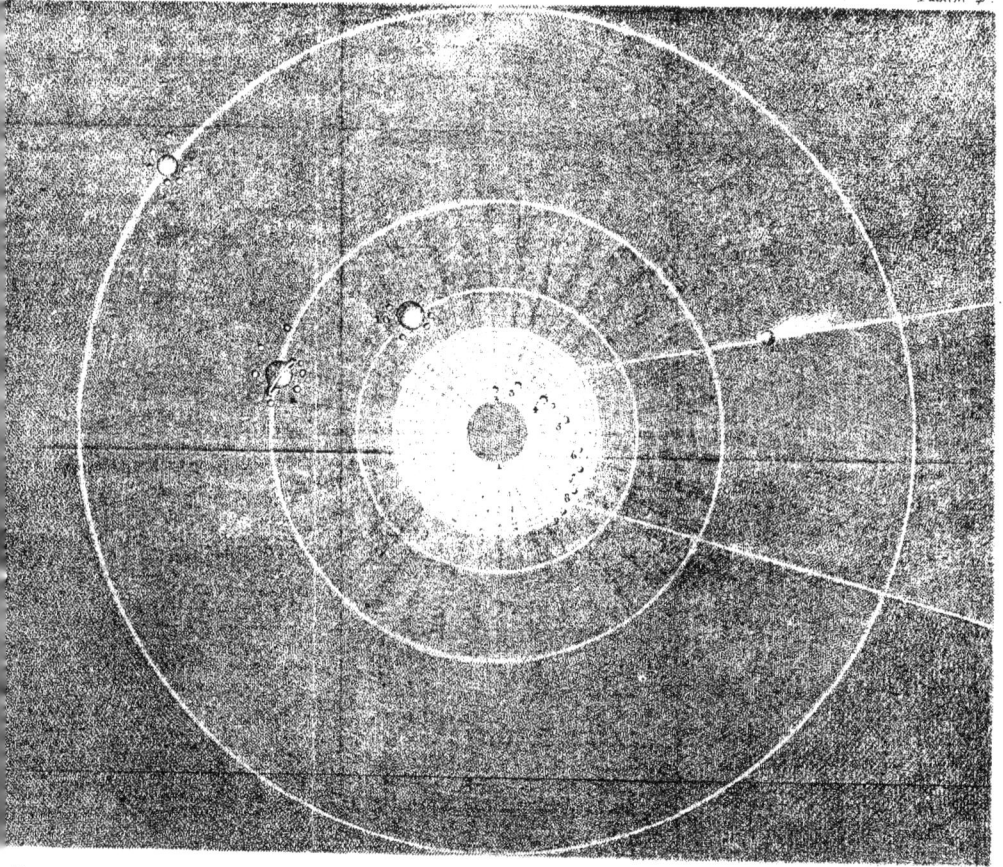

Noms Signes des Planètes.	Durées de leurs Révolutions en Jours et mil. lièmes de Jour	Durées de leurs Rotations sidérales du Soleil et les centres étant lièmes de Jour	Distances moyen. le du Soleil à la Terre étant 1	Diamètres des Planètes celui de la Terre étant 1	Masses des Planètes celle du Soleil étant 1
Soleil	0	25 Jours 5oo m		1099 3 centièmes	1
Mercure ☿	87 Jours et 969 m	1 Jour	387 millièmes	0 39 cent	0 1/2130800
Vénus ♀	224 J. et 70 mil	973 mil de J.	723 millièmes	0 973 cent	0 1/359000
Terre ⊕	365 Jours 256 m	997 millièmes	1.	1.	0 1/329000
Mars ♂	686 J. 980 mil	1 Jet 27 m	1 et 524 mil	0 56 centièmes	0 1/122000
Vesta ⚶	1335 J. 205 mil		2 et 373 mil		

Nom et Signes des Planètes	Durées de leurs Révolutions en Jours et mil. lièmes de Jour	Durées de leurs Rotations Sidérales en Jours et mil lièmes de Jour	Distances moy ennes du Soleil celle de cet autre à la Terre étant 1	Diamètres des Planètes celui de la terre étant 1	Masses des Planètes celle du Soleil étant 1
7 Junon ⚴	1590 J. 998 mil		2 et 66 mil		
8 Cérès ⚵	1681 J. 539 mil		2 et 767 mil		
9 Pallas ⚶	1681 J. 709 m		2 et 65 mil		
10 Jupiter ♃	4332 J. 596 m	414 millièmes	5 et 203 mil	11 et 50 cent	0 1/1067
11 Saturne ♄	10758 J. 070 m	428 millièmes	9 et 539 mil	9 et 61 cent	0 1/3512
12 Uranus ♅	30688 J. 13 m		19 et 183 mil	4 et 16 cent	0 1/19300
13 Comète ☄					

FIGURE DE LA LUNE.
d'après de la Lande.

Midi

Equateur
Occident

Equateur
Orient

Nord

1. *Grimaldus.* 2. *Galileus.* 3. *Aristarchus.* 4. *Keplerus.* 5. *Gassendus.* 6. *Schikardus.* 7. *Harpalus.* 8. *Héraclides.* 9. *Lansbergius.* 10. *Reinol-dus.* 11. *Copernicus.* 12. *Helicon.* 13. *Capuanus.* 14. *Bulbaldus.* 15. *Eratosthenes.* 16. *Timocharis.* 17. *Plato.* 18. *Archimedes.* 19. *Insula sinus medii.* 20. *Pitatus.* 21. *Tycho.* 22. *Eudoxus.* 23. *Aristoteles.* 24. *Manilius.* 25. *Menelaus.* 26. *Hermes.* 27. *Possidonius.* 28. *Dionisius.* 29. *Plinius.* 30. *Catharina, Cyrillus, Theophilus.* 31. *Fracastorius.* 32. *Promontorium acutum, Censorinus.* 33. *Messala.* 34. *Promontorium Somnii.* 35. *Proclus.* 36. *Cleomedes.* 37. *Snellius et Furnerius.* 38. *Petavius.* 39. *Langrenus.* 40. *Taruntius.* A. *Mare Humorum.* B. *Mare Nubium.* C. *Mare Imbrium.* D. *Mare Nectaris.* E. *Mare Tranquillitatis.* F. *Mare Serenitatis.* G. *Mare Faecunditatis.* H. *Mare Crisium.*

EXPLICATION DES FIGURES

———

La Figure 10, Planche Ire, représente les degrés d'inclinaison des diverses planètes sur le plan de l'écliptique EE'.

La description de la Planche V, représentant la figure de la lune, se trouve à la page 139 de cette troisième édition.

FIN.

TABLE DES MATIÈRES

CONTENUES DANS CE VOLUME.

www.ingramcontent.com/pod-product-compliance
Lightning Source LLC
Chambersburg PA
CBHW060421200326
41518CB00009B/1433